大连海藻图鉴

李晓丽　苏延明　孙丕海　著

科学出版社

北京

内 容 简 介

　　大型海藻是海洋的初级生产者之一，在海洋生态系统中发挥着非常重要的作用，其本身还可加工制作海藻胶、海藻食品、海藻饲料、海藻肥料等，蕴含着巨大的经济效益。大连地处辽东半岛最南端，东濒黄海，西邻渤海，南与山东半岛隔海相望，海岸线长2211km，海岛538个，海藻种类繁多，资源量大。本书主要介绍了大连地区的大型底栖海藻，共4门29目55科101属165种，其中，蓝藻门2目2科2属2种，红藻门11目24科55属84种，褐藻门10目19科28属42种，绿藻门6目10科16属37种，还记录具孔斯帕林藻、牛岛薄膜藻、掌状美叶藻等11个外来种。本书是大连地区首部大型海藻彩色图鉴，配有藻体外形、习性、分布、内部构造的描述和彩色图片及同属不同种类的分种检索表。

　　本书可供大专院校、科研院所、养殖生产单位的藻类学、植物学、生物学研究者以及其他相关学科的科研、教学、生产人员参考，也可作为学生、植物爱好者等的科普读物。

图书在版编目（CIP）数据

大连海藻图鉴/李晓丽，苏延明，孙丕海著.—北京：科学出版社，2023.10
ISBN 978-7-03-072955-2

Ⅰ.①大… Ⅱ.①李… ②苏… ③孙… Ⅲ.①海藻—大连—图集
Ⅳ.①Q949.2-64

中国版本图书馆CIP数据核字(2022)第154377号

责任编辑：王喜军　付丽娜 / 责任校对：杜子昂
责任印制：徐晓晨 / 封面设计：无极书装

科 学 出 版 社 出版
北京东黄城根北街16号
邮政编码：100717
http://www.sciencep.com

北京捷迅佳彩印刷有限公司 印刷
科学出版社发行　各地新华书店经销
*
2023年10月第 一 版　开本：889×1194 1/16
2023年10月第一次印刷　印张：22 1/2
字数：522 000
定价：360.00元
（如有印装质量问题，我社负责调换）

序 / FOREWORD

海藻是生长于海洋中的植物，可为海洋动物提供栖息、繁殖场所，或作为其饵料，并在海洋中的气体交换、维持生态平衡中有着极其重要的作用，也是人们生活、生产必需的物质之一。

大连沿海居民很早就知道利用海藻。浒苔、石莼等海藻是沿海人们在荒年中最好的代食品，紫菜、礁膜是美味佳肴，海带、裙带菜、石花菜、萱藻等早已成为大众餐桌上的日常菜品，其中不少海藻又被当成畜禽饲料或农田肥料使用。足见，大连人已与海藻结下不解之缘。

随着国民经济和科学的发展，在大连地区，人们对海藻的养殖、加工及研究有了空前的进步，海带养殖年产达31万多吨，裙带菜可在40万吨以上，其加工出的各种产品畅销全国，并出口日本、韩国等，创收近百亿元，对其他海藻的开发研究亦是方兴未艾。由此可见，海藻在大连地区是一项重要的产业，发展海藻生产、保护海藻、合理开发利用海藻、宣传普及海藻科学知识具有重大的现实意义，而《大连海藻图鉴》的出版适逢其时。

《大连海藻图鉴》是地域性海藻图谱类书籍，此类书籍近年国内出版较少。该书的主要特点是言简图茂，宏观种类较多，全书共介绍常见海藻165种，每种都有简明形态特征文字描述、生态照片或标本照片等。照片色泽鲜艳，真实感较强，并具有一定的艺术美感，更便于读者对海藻的识别鉴定。特别是书中介绍了大连海区外来种的海藻，为当地气候变化、海洋生态研究提供了新思路。应该说，《大连海藻图鉴》是一本有特点的好书。

李晓丽同志是一位酷爱海藻生态分类研究的有为年轻教师，她不畏劳苦、不怕艰险，经常自己赶潮下海，涉水爬礁，观察研究海藻生态，采集、制作各种标本，并在较短时间内总结写出《大连海藻图鉴》一书，实属罕见，让我十分钦佩。希望晓丽同志再接再厉，开启新的征程，为海藻教学和生态分类研究创造出更辉煌的业绩。让我们诚祝《大连海藻图鉴》一书成功出版问世。

2023 年 5 月 1 日于大连

前言 PREFACE

　　大连三面环海，具有丰富的海藻资源。关于大连海藻的专门研究主要集中于 20 世纪 80 年代以后。其间，1984 年李熙宜等报道了大连海区潮间带底栖海藻生物群落的季节变化；1989 年栾日孝编写了《大连沿海藻类实习指导》；1990 年李熙宜等报道了大连沿海的小褐条藻；1993 年熊韶峻等研究了大连潮间带底栖海藻群落的数量特征和优势种的季节变化；1997 年傅杰、隋战鹰对辽宁沿海经济海藻进行了研究；1998 年张淑梅、栾日孝报道了大连地区底栖海藻分类研究概况；2000 年邵魁双、李熙宜报道了大连海区潮间带底栖海藻生物群落的季节变化；2005 年隋战鹰进行了黄渤海辽宁海区底栖海藻的研究等；栾日孝等自 1989 年、王宏伟等自 2008 年开始对大连地区的不同海域、不同海藻进行了一系列的专门研究；2009 年出版的《中国黄渤海海藻》系统、全面地介绍了黄渤海海域的大型海藻，其中包括很多大连地区分布的海藻；栾日孝等主编或参编的《中国海藻志》套书中也大量报道了大连地区的大型海藻。

　　在现有研究的基础上，2015 年由胡玉才教授组织成立大连海洋大学《大连海藻图鉴》一书的撰写工作组，确定本书作者依次为李晓丽、苏延明、孙丕海，其中，李晓丽主要负责海藻采集、图像采集、分类鉴定、标本制作、形态结构观察、书稿撰写等，苏延明主要负责图片处理、书稿撰写与处理等，孙丕海主要负责藻类采集、形态结构观察、书稿撰写等。2015~2023 年，整整 9 年，本书撰写团队走遍大连黄渤海全部海岸线，登上大连所有主要岛屿，对于獐子岛、黑石礁、黄金山、排石村等海藻场均进行了每月的详查，对于大长山岛、哈仙岛等重要海藻场进行春、夏、秋、冬每季的调查，还多次潜水进行潮下带藻类的调查，不断地丰富和补充本书的素材。每次调查均在大潮期间进行，现场采集藻类样本、拍摄生态照片、录制影像资料，样本带回实验室后进行清洗、分类、影棚拍摄藻体外形照片、显微拍摄内部结构照片、制作腊叶标本及浸液标本，制作的标本保存于大连海洋大学海藻实验室。

　　感谢栾日孝教授、王宏伟教授对本书的大力支持。两位前辈是我国大型海藻领域的资深研究学者，更是大连地区大型海藻研究的权威专家，本书的顺利出版离不开两位专家在分类鉴定方面的指导。同时，感谢丁兰平教授在分类鉴定方面的指导及对本书书稿的批评与指正。

　　本书手绘结构图及部分标本照片由栾日孝提供，部分手绘结构图及标本照片引自《中国海藻志　第三卷　褐藻门　第一册　第一分册》《中国海藻志　第四卷　绿藻门　第一册》《中国黄渤海海藻》，在此表示感谢。

　　感谢獐子岛集团股份有限公司相关领导与员工的大力支持，感谢大连海洋大学农业农村部北方海水增养殖重点实验室提供的显微镜等仪器设备。

　　我们诚挚地感谢张泽宇、杨君德、印明昊、曹淑青、杨军、刘永虎、赵学伟、李明、张媛、

范玉柱、赵艳琪、杨鑫、吴强、邢冬飞、芦莹、张鑫铭、姜佳豪、孟鸽、李纯诚、王丽梅等在本书的撰写过程中所提供的大力支持与帮助。

　　本书由大连市海洋发展局（原大连市海洋与渔业局）和大连市财政局资助项目"大连海域刺参原种特质与品质研究"（项目编号：2013094）、2023 年中国财政对辽宁渔业补助项目"北方特色水产种质创制与示范推广"资助，诚挚地感谢以上项目对本书出版提供的支持。

　　由于作者水平有限，书中难免存在不足之处，敬请广大读者批评指正。

李晓丽

2023 年 4 月于大连

目录 CONTENTS

绪　论

一、大连地区海滨的自然环境

大连地区位于辽东半岛南部，121°58′E~123°31′E、38°43′N~40°10′N，下辖 10 个区（县、市），即中山区、西岗区、沙河口区、甘井子区、旅顺口区、金州区、普兰店区、长海县、瓦房店市、庄河市，总面积为 12 574km²。

大连三面环海。海岸线东起庄河市南尖子，西至瓦房店市李官村口，全长 2211km。它的东、南面邻辽阔的黄海，岸线曲折蜿蜒，多海湾、岛屿，著名的大连港、旅顺港就坐落在此处，沿岸海湾波稳浪轻，水底礁石嶙峋，加上气候温和，海水终年基本不结冰，形成了茂盛的海藻群落。它的西面背靠渤海湾，海岸平缓，水浅，年水温变化较大，冬季有较短的结冰期（1~3 月），海藻生长不如黄海面繁茂。

二、海藻生长的海洋环境

（一）海藻的生态因子

海藻生态学是研究海藻和环境之间关系的规律性的科学。所谓环境，泛指海藻生存四周空间所存在的一切事物，如基质、光照、水温、生物等因素的总和。这些事物中的每一个因素称为环境条件。但是，所有环境条件对海藻植物来说并不具有同等的作用，而是作用有大有小。对海藻生长发育有直接或间接作用的环境条件称为海藻生态条件或生态因子。各种生态条件在自然界不是孤立存在的，它们之间相互影响、相互制约，综合形成特定的生态环境，对海藻产生影响。海藻在同化环境过程中，一方面接受了环境对它的深刻影响，形成了海藻生长发育的内在规律，即生态习性，另一方面海藻对环境的变化又能产生各种不同的反应和多种多样的适应性，即海藻的生态适应性。这两方面构成了海藻与环境之间相互矛盾又统一的关系，称为生态关系。

1. 生长基质

根据海藻的生长习性将其分为浮游和定生两类，本书中介绍定生（底栖固着）大型藻类。定生藻类与陆地高等植物一样，需固着基质。海藻的固着基质主要是礁石，其次是贝壳、泥沙、绳索、木桩和其

他藻体等。藻类的固着器只起固着作用，而不起吸收养料作用。砂砾可以随水流动互相摩擦，一般不适宜藻类生长，但是在比较平静的海湾也有少数海藻种类生存。

大连市区和长海县的沿海绝大部分是典型的岩岸，基质多为石英岩、石灰岩等。由于常年水腐风化，海岸多形成断崖绝壁，海底多奇形怪状礁石，形成了海藻生长的良好基质。而渤海沿岸较平缓，多为沙岸、泥滩等，海藻生长较差。

2. 海水温度

海水温度变化幅度小，一般不如陆地大，热带海洋全年温差不超过3℃。大连海水表面温度由最低1.8℃到最高27.7℃，瓦房店市的长兴岛海水表面温度最低为–1.9℃，最高为28.4℃，温差远远小于本区的陆地（最低温–19.9℃，最高温36.1℃）。温度变化对海藻生长影响很大，多数海藻对温度适应力不强，因此在海温变化大的海区，海藻在一年中变化很大。某些海藻适应力很强，另一些生长期较短，在一定的温度范围内就完成了生殖过程。例如，适应温度变化很大环境的石莼终年可以生长；而条斑紫菜叶状体在11月至翌年6月出现，海水温度为0.5~18℃，最茂盛期3~4月，最适宜水温1~5℃，到了夏季变为丝状体度过高温期；网地藻、海索面只在夏季出现。

3. 光照

光照是影响海藻垂直分布的主要因子，包括光照强度、光照时间（光时）、光质（光线的波长）。长波光线如红光、橙光、黄光很容易被海水吸收，在几米深大部分就被吸收了；只有短波光线如绿光、蓝光、青光、紫光才能透入海水深处。各种海藻由于长期生长适应的结果，各需不同强度的光照和不同波长的光线。绿藻因含有大量叶绿素a、叶绿素b，善于利用红光和蓝紫光，分布得最浅，一般生活在5m水深处以上；褐藻因含藻褐素，善于吸收蓝光、绿光，分布得较深，一般能生活在30~60m水深处；红藻因含有藻红素，能吸收绿光、蓝光、紫光，分布得最深，有的能生活于100m深处。

此外，海藻对日光照射强度要求也不同。如能适应较强光照的绿藻中的礁膜、浒苔和红藻中的紫菜、海萝多生长在高、中潮带，它们类似陆地生长的阳生植物；一部分褐藻如海带、裙带菜等喜生于光照较弱环境，大多数红藻也喜欢生长在光照更弱的较深水层中，类似于陆地上的阴生植物。

光照强弱及长短全年不同，夏季6月最强、最长，冬季12月最弱、最短。因此，有些藻类在潮间带生长位置的高低随季节而变化。这也与海水的清浊有关系。在浑浊的海水里，一般藻类都能生长在潮间带；在清澈的海水里，有的藻类则可分布在较深的水层，如东沙群岛生长的海人草，可生长在80m深的海底。所以光线及海水的透明度不仅影响藻类生长位置的高低，还决定藻类的分布。

不同颜色的藻类，除含有叶绿素外，还含有其他色素，在进行光合作用时，除依靠叶绿素吸收光线外，还依靠辅助色素吸收光线。

人们把海藻的垂直分布习惯性地划分为三个带，即海滨水底植物带、浅海水底植物带和深海水底植物带。

海滨水底植物带：从海滨到大干潮线间（潮间带）。这里光线充足，绿藻占优势，褐藻次之，红藻较少。

浅海水底植物带：从干潮线到40m水深处。这里绿藻逐渐减少，褐藻由优势转为劣势，红藻渐多。

深海水底植物带：自40m深处到100m或160m。这里完全是红藻。

所谓"海底森林"，就是指海面下10~100m生长茂盛的海藻群。

4. 海流与波浪

海流可以影响某些海藻的生长及分布。例如，鹿角菜、裂叶马尾藻和铜藻等的分布明显受海流影响，它们分布在太平洋西部黑潮及其支流流域，是在亚热带。而它们生长在我国北部大连与黑潮支流朝鲜海流有关。因为海流可能对传播某些海藻孢子有利并调节水温至适宜海藻生长。

波浪有的地方很大，有的地方很小。藻类生长有好浪的，也有怕浪的，有的海藻专生长于浪大处，有的生长于浪小的地方，如海索面、红毛菜等是好浪的藻类，生长在冲击度较大的地方，江蓠、石莼和浒苔等怕浪的藻类生长在平静的内湾。因为波浪可以调节水温和养分，对一些海藻吸收养分或散发传播孢子有利。

5. 潮汐

海水规律性的涨落影响海藻的生长，影响海藻在潮间带的垂直分布。有一些海藻不喜欢全浸入水内，而露出水面暴露大气中。喜欢露出水面的藻类要求露出时间长短也各不相同。高潮带露空时间长，低潮带露空时间短。要求露空时间长的藻类如盘苔、海萝、礁膜等，生长在高、中潮带，而其他要求露空时间短的一些藻类，则生长在低潮带。

我国沿海各地潮差大小不一样，浙江潮差可达 10m 以上，而有的地方最小只有 2~3 尺 [①]，大连地区潮差一般为 2~4m。

6. 盐度

盐度对海藻生长来说虽然并非最主要因素，但是对海藻体液渗透压的维持有一定意义。一般海藻生活区域的盐度为 30‰~35‰，但藻类抵抗盐度变化能力各不相同。海带耐低盐度能力较差，盐度不能低于 28‰。浒苔适应能力很强，即使在盐度变化甚大的江河入海口处，也能正常生长。大连市区、长海县海水盐度为 29.98‰~32.02‰，对海藻生长影响不大。瓦房店市和庄河市个别地方海水盐度较低，为 28‰（夏季），会影响某些海藻生长。

7. 无机盐类

海藻必须直接吸收溶解在水中的无机盐类。海水中的无机盐类很丰富，一些是从陆地流入海洋的，另一些则是海洋中动植物尸体等分解产生的。与海藻生长有密切关系的营养元素最主要的有氮、磷，其他还有钾、钙、镁、铁、铜、硼、碘等。

8. pH

海洋中 pH 变化不大，一般为 7.8~8.5，略偏碱性。但在内湾浅水中变化较大，在夏天的大潮期间，pH 可升到 10 以上，因此，生活在内湾的一些藻类，对 pH 的变化适应能力是比较强的。在露空时间长的区域里，每天的干燥时间也是长的，夏天烈日当空的时候，露空地区的温度可达 35℃ 以上，生长在浅积水处的藻类，经过 6h 以上的退潮露空，其 pH 可由 8.2 升至 9.5 以上。在烈日当空和小潮之际，高潮带的积水盐度也可达到 41.26‰。此外，在连续下雨之际，盐度急剧下降，甚至接近于淡水，由此，潮间带在潮汐的影响下，环境变化很大，所以只有适应性强的藻类才能生长，如海萝、紫菜等。

9. 其他生物

在自然条件下，海藻很少单株单种生长，往往由多株多种交织生长在一块组成群体，之间密切联系、相互制约，如黑顶藻附着于马尾藻属的藻体上生长，紫菜类的丝状体附生于石灰质贝壳上度过夏季，扭线藻是在其他海藻体内生长的。另外，一些动物把海藻作为食物，如鲍鱼等贝类就非常喜欢吃某些藻类。

（二）海藻的生活型

海藻不仅具有各种不同形态构造，而且它们的生活方式也是多种多样的，此外，在其生活史中也有各种不同形式，以适应各种不同的环境，延续后代。其生活方式可分为下列几种类型。

1. 浮游生活型

此类型常见于单细胞和群体的浮游藻类，如裸藻、甲藻、硅藻、金藻和黄藻，其中具有鞭毛的种类可以在水中游动，不具有鞭毛的种类可以连成各种形态的群体，以增加漂浮能力，适应水中漂浮生活。例如，中心硅藻和羽纹硅藻类中的许多无纵沟的种类，借胶质形成各种群体，漂浮于水中生活。

---

① 1 尺 =1/3m

2. 底栖附生生活型

此类型常见于一些底栖性的硅藻类，如楔形藻的杆状细胞群体聚集在一起，分泌胶质组成简单或分枝的柄，借以附着在其他动植物体上或其他基质上，也有的分泌大量的胶质，将群体包围在胶质套内形成不定型的团块，如舟形藻属的某些种类，其群体细胞排列在分枝或不分枝的胶质管中，附生在基质或其他动植物体上。

3. 漂流生活型

此类型常见于有些单细胞和群体的藻类，不具有鞭毛，过着漂浮生活，如金藻类的棕囊藻为球形群体，漂浮在海洋上生活，又如大西洋漂流生活的漂流马尾藻（*Sargassum natans*、*Sargassum fluitans*），它们形成的大型的漂流藻区为鱼类、虾类、蟹类等多种生物栖息的天然场所。

4. 水底固着生活型

一般属于多细胞的大型海藻，它们的基部有固着器，借以固着在水底的各种基质上，如石莼、紫菜等。

5. 共生和寄生

有些蓝藻和绿藻种类能与子囊菌类或一些担子菌类共生，成为一个复合的有机体，构成各种类型的地衣。寄生种类为一种藻类寄生在另一种藻体上，如绿点藻属寄生在紫菜体中。

（三）海藻的生物型

海藻生活在海洋环境中，海洋环境在一年四季中有较大的变化。为适应海洋环境变化，各种藻类有其特殊的形态构造、生活史以度过不利环境条件。海藻归纳起来可分为以下几种生物型。

1. 一年生型

（1）全年型：一年可有两代以上，石莼、浒苔、刚毛藻等生长快，一两个月即成熟，产生孢子，孢子萌发再生长，再产生孢子，一年许多代。

（2）丝状体过渡型：一年只长一代，藻体成熟后产生孢子，孢子萌发为丝状体，度夏或过冬，到适宜季节再生长发育为新藻体。许多褐藻属于此类型。

（3）休眠过渡型：藻体在不适于生长的时期产生合子度过不良环境，待环境好转再萌发。

2. 多年生型

（1）全部多年生：整个藻体由根到叶全部多年生，分为以下两种类型。

显型：藻体直立，整个藻体全部越冬，如刺松藻，在越冬过程中，环境条件恶化则多数死亡。

隐型：藻体匍匐，如胭脂藻、石叶藻。

（2）局部多年生：藻体的一部分死亡，另一部分可越冬，分为以下两种类型。

半显型：藻体直立，冬天只留下近茎部的一小部分，来年春天长出新的枝叶，如鼠尾藻。

半隐型：藻体在遇到不良环境时，留下盘状或匍匐丝状部，如羽藻。

三、海藻的生态区域

（一）海洋的划分

在广阔的海洋中，根据地形和海水深度的不同，可以将海洋分为浅海区和深海区（图1）。

1. 浅海区

由海陆相接处到海深200m的海区为浅海区。此区根据海水深度和理化特性又分为滨海带与浅海带。

滨海带：由高潮线到 50m 深的海区为滨海带。在这个区域内，大潮期间，潮水涨得最高的水面和退至最低线之间的地区，也是由基准面至高潮线之间的区域，称为潮间带。潮间带是藻类和一些其他海洋生物分布广泛、种类较多的地区，是实习采集的主要地方。

浅海带：由 50m 到 200m 深的地区为浅海带。此区海藻分布较少。

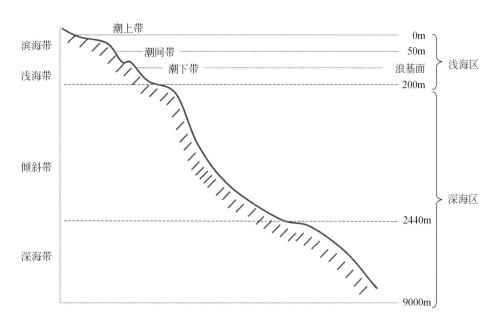

图 1　海洋环境划分图

2. 深海区

200m 以下所有的海区均为深海区。根据地形与深度不同，又分为两个地带，即倾斜带和深海带。

倾斜带：200m 到 2440m 深的地区。

深海带：2440m 以下的地区为深海带。这个区域水温低，缺阳光，没有藻类植物。

（二）潮汐和潮带的划分及潮汐计算

1. 潮汐的划分

海面每天都有规律地周期性涨落，这种现象称为潮汐。所谓潮为涨，汐为退。潮汐形成的原因为月球、太阳对地球的吸引。月球离地球近，它比太阳对地球的引力大，这是潮汐产生的主要原因。除此之外，还有海水的惯性和摩擦等作用。

潮汐涨退现象并不一致，有时大，有时小，这是由太阳、月球和地球三者相对位置不同造成的。当太阳、月球和地球在一条直线上时，引潮力最大，潮涨最高，这时海水和陆地相接的界线称为大满潮线（大潮高潮线），而退潮也退得最低，这个最低线为大干潮线（大潮低潮线）。出现大潮汐时间为阴历的每月初一至初四，以及十五至十八的朔期、望期，所以又称朔望潮，大连沿海渔民称为"大汛"。当太阳、月球和地球位置相互垂直时，引潮力最小，潮汐最小，这时涨满潮海水和陆地相接的界线称为小满潮线（小潮高潮线），退潮时退到最低界线，为小干潮线（小潮低潮线）。出现小潮汐时间是阴历每月初七至初九，以及二十三至二十五的上弦、下弦期间，为小潮，沿海渔民称为"死汛"。

2. 潮带的划分

根据海水浸占、淹埋时间长短不同，潮带分成三个带，即潮上带、潮间带和潮下带（图 2）。

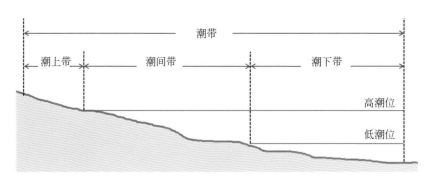

图 2　潮带划分图

潮上带：大满潮线以上，海水淹不到，但浪花可溅及地带。

潮间带：大满潮线和大干潮线间海水规律涨落淹露地带。

潮下带：大干潮线以下，海水退不出，永不暴露在大气中的地区。

潮间带又可分成三个带，即高潮带、中潮带和低潮带（图 3）。

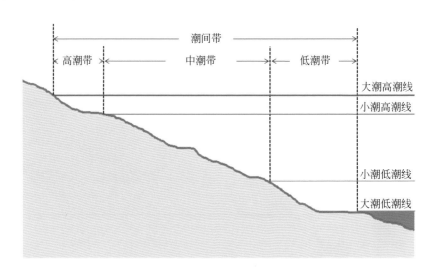

图 3　潮间带划分图

高潮带：大潮高潮线和小潮高潮线之间地带。

中潮带：小潮高潮线和小潮低潮线之间地带。

低潮带：小潮低潮线和大潮低潮线之间地带。

不同潮带示例见图 4。

3. 潮汐计算

除一些地区外，多数地区在一天内有两次高潮、两次低潮，但并不是正好 24 小时内有两次高潮、两次低潮，而是在 24 小时 48 分钟左右有两次高潮、两次低潮。第一次高潮到第二次高潮之间的间隔时间约 12 小时 24 分，相邻高潮时、低潮时之间的间隔约 6 小时 12 分。原因是地球、月球转动，相对位置变化。像这样有两次高潮、两次低潮的称为半日潮（半日型），大连地区各海域全属于这一类型潮。

下面介绍一种半日潮或港湾潮的简易求算法，这种方法只考虑月球影响理想的情况。当月球位于上、下中天时，该地立即发生高潮，但由于海水的惯性和摩擦等，高潮时，要落后一段时间。从月中天时刻到发生第一次高潮的时间间隔称为高潮间隙，从月中天时刻到发生第一次低潮的时间间隔称为低潮间隙，二者总称为月潮间隙。一个地点的月潮间隙时间有不大的周期性变化，将一个或数个朔望月每天的数值平均，得到平均月潮间隙。因此，可得公式：

高潮带

中潮带

低潮带

潮下带

图 4　不同潮带示例

$$高潮时 = 月上（下）中天时刻 + 该港平均高潮间隙$$

$$低潮时 = 月上（下）中天时刻 + 该港平均低潮间隙$$

观测表明，每月阴历初一和十六，月中天时刻近似为 0 时，而每天又落后约 48 分，这样，上式便可化为

$$高潮时 = (阴历日数 -1) \times 0.8 时 + 平均高潮间隙$$

$$低潮时 = (阴历日数 -1) \times 0.8 时 + 平均低潮间隙$$

下半月需将 (阴历日数 -1) 改成 (阴历日数 -16)。另一次高潮和低潮时可以将计算所得高潮时、低潮时分别减、加 12 时 24 分。

例如，求大连阴历二十五的高潮时、低潮时 (大连平均高潮间隙 9 时 55 分，平均低潮间隙 3 时 45 分)：

$$高潮时 = (25 - 16) \times 0.8 + 9 时 55 分 = 17 时 7 分$$

$$低潮时 = (25 - 16) \times 0.8 + 3 时 45 分 = 10 时 57 分$$

$$另一次高潮时 = 17 时 7 分 - 12 时 24 分 = 4 时 43 分$$

$$另一次低潮时 = 10 时 57 分 + 12 时 24 分 = 23 时 21 分$$

正明寺可参考广鹿岛，鲇鱼湾、龙王塘可参考大连，夏家河子、牧城驿可参考营城子湾，老母猪礁、黄金山可参考大连和羊头洼子的各自平均高低潮间隙值。大连周围海域潮汐表见表 1。

理论计算的数据和潮汐表实际记载的数据有误差。误差是由于月潮间隙采用平均值，实际上月潮间隙每天略有不同，同时气象、河流流量和摩擦等因子均有影响。

表1 大连周围海域潮汐表

阴历日期	黄海海域		渤海海域		潮流情况
	高潮时间	枯潮时间	高潮时间	枯潮时间	
初一 十六	10:21 22:21	4:09 16:09	12:51 0:51	6:39 18:39	大潮 活汛
初二 十七	11:09 23:09	4:57 16:57	13:39 1:39	7:27 19:27	大潮 活汛
初三 十八	11:57 23:57	5:45 17:45	14:27 2:27	8:15 20:15	最大 活汛
初四 十九	12:45 0:45	6:33 18:33	15:05 3:05	9:03 21:03	大潮 活汛
初五 二十	13:33 1:33	7:21 19:21	16:03 4:03	9:51 21:51	大潮 活汛
初六 二十一	14:21 2:21	8:09 20:09	16:51 4:51	10:39 22:39	中潮 活汛
初七 二十二	15:09 3:09	8:57 20:57	17:39 5:39	11:27 23:39	中潮 死汛
初八 二十三	15:57 3:57	9:45 21:45	18:27 6:27	12:15 0:15	小潮 死汛
初九 二十四	16:45 4:45	10:33 22:33	19:05 7:05	13:03 1:03	最小 死汛
初十 二十五	17:33 5:33	11:21 23:21	20:03 8:03	13:51 1:51	小潮 死汛
十一 二十六	18:21 6:21	12:09 0:09	20:51 8:51	14:39 2:39	小潮 死汛
十二 二十七	19:09 7:09	12:57 0:57	21:39 9:39	15:27 3:27	中潮 死汛
十三 二十八	19:57 7:57	13:45 1:45	22:27 10:27	16:51 4:51	中潮 活汛
十四 二十九	20:45 8:45	14:33 2:33	23:05 11:05	17:05 5:05	大潮 活汛
十五 三十	21:33 9:33	15:21 3:21	0:03 12:03	17:51 5:51	大潮 活汛

注：此表为近似值，误差为10min左右

四、大连地区几个主要海藻采集地点的简介

1. 獐子岛

獐子岛位于大连东56n mile的黄海，岸线曲折，多岩礁，藻类资源丰富，主要有条斑紫菜、扇形拟伊藻、链状蜈蚣藻、真江蓠、多管藻、波登仙菜、三叉仙菜、日本仙菜、新松节藻、水云、叉开网翼藻、网地藻、萱藻、绳藻、羊栖菜、海蒿子、铜藻、海黍子、鼠尾藻、软丝藻、北极礁膜、孔石莼、肠浒苔、缘管浒苔等。

2. 正明寺

正明寺位于金州区大李家镇南端，退潮后滩面较大，多岩礁，适宜多种藻类生长，主要有条斑紫菜、拟鸡毛菜、石花菜、波登仙菜、日本仙菜、小珊瑚藻、多管藻、新松节藻、鸭毛藻、裙带菜、鹿角菜、海黍子、海蒿子、铜藻、束生刚毛藻、孔石莼、肠浒苔、刺松藻和假根羽藻等。

3. 排石村

排石村位于瓦房店市驼山乡，多岩岸，海藻种类较多，主要有三叉仙菜、石花菜、小石花菜、苔状鸭毛藻、海萝、细弱红翎菜、节荚藻、裙带菜、鼠尾藻、叉开网地藻、薄科恩藻、北极礁膜、肠浒苔、缘管浒苔、孔石莼等。

4. 寺儿沟

寺儿沟位于大连港东侧老尖沟一带，内湾，海面平静，海藻种类繁多，尤其绿藻类生长茂盛，主要有条斑紫菜、单条胶黏藻、亚洲蜈蚣藻、金膜藻、日本角叉菜、龙须菜、三叉仙菜、日本异管藻、绒线藻、鸭毛藻、网地藻、海带、裙带菜、海黍子、盘苔、浒苔、孔石莼、石莼、漂浮刚毛藻等。

5. 石槽村

石槽村位于大连老虎滩公园东南约 2500m，礁石参差，多石沼水峡，海藻生长繁茂，主要有甘紫菜、海索面、石花菜、拟鸡毛菜、亮管藻、海萝、链状蜈蚣藻、胶管藻、日本角叉菜、扇形拟伊藻、三叉仙菜、节荚藻、多管藻、冈村凹顶藻、黏膜藻、萱藻、海带、叉开网翼藻、裙带菜、网地藻、鹿角菜、羊栖菜、海蒿子、海黍子、鼠尾藻、北极礁膜、波状原礁膜、石莼等。

6. 哈仙岛

哈仙岛位于长海县大长山岛西南 6n mile 处，岛上岩岸曲折，海湾连环，主要有链状蜈蚣藻、条斑紫菜、海萝、橡叶藻、环节藻、海带、裙带菜、鼠尾藻、海黍子、刺松藻、孔石莼和藓羽藻等。

7. 付家庄

付家庄位于大连付家庄浴场附近，多为岩礁，主要有边紫菜、海索面、胶管藻、新松节藻、疣状褐壳藻、酸藻、海带、鼠尾藻、软丝藻、薄科恩藻、波状原礁膜、刺松藻等。

8. 黑石礁

黑石礁位于大连星海公园西面，礁石底水质肥沃，藻类生长茂盛，主要有条斑紫菜、披针形蜈蚣藻、具孔斯帕林藻、牛岛薄膜藻、日本马泽藻、单条胶黏藻、带形蜈蚣藻、亚洲蜈蚣藻、真江蓠、雅致石花菜、鸭毛藻、裙带菜、海带、叉开网翼藻、网地藻、水云、萱藻、海黍子、北极礁膜、浒苔、肠浒苔、缘管浒苔、盘苔、孔石莼等。

9. 龙王塘

龙王塘位于大连到旅顺南线公路途中南侧，潮间带宽广，海藻生长较好，主要有条斑紫菜、环节藻、波登仙菜、三叉仙菜、多管藻、水云、幅叶藻、酸藻、海黍子、海蒿子、鼠尾藻、北极礁膜、达尔刚毛藻和孔石莼等。

10. 老母猪礁

老母猪礁位于旅顺口区东南黄金山的东面，退潮后西面滩面较大，平坦，东面悬崖峭壁，海藻种类较多，主要有条斑紫菜、日本马泽藻、披针形蜈蚣藻、三叉仙菜、柏桉藻、单条肠髓藻、萱藻、裂叶马尾藻、鼠尾藻、海黍子、裙带菜、海带、软丝藻、管浒苔、孔石莼、束生刚毛藻和假根羽藻等。

11. 沙坨子岛

沙坨子岛位于瓦房店市渤海湾以东的地方，岛上地势平缓，暗礁罗列，主要有拟鸡毛菜、海萝、条斑紫菜、假根羽藻、小珊瑚藻、浒苔、扇形拟伊藻、海黍子、鼠尾藻、孔石莼等。

12. 大长山岛

大长山岛位于长山群岛北部，主要有条斑紫菜、披针形蜈蚣藻、日本角叉菜、扇形拟伊藻、链状蜈蚣藻、龙须菜、小石花菜、鸭毛藻、裙带菜、海带、水云、萱藻、海黍子、绳藻、鼠尾藻、铜藻、刺松藻、北极礁膜、浒苔、孔石莼等。

1. 丝状鞘丝藻 *Lyngbya confervoides* **C. Agardh**

分类：颤藻目 Oscillatoriales　颤藻科 Oscillatoriaceae　鞘丝藻属 *Lyngbya*

分布：广泛分布于大连海域；山东、浙江、福建、海南。

习性：分布在潮间带的岩石上，繁殖期在夏季 7 月、8 月间。

大小：高 3~5cm。

藻体黄褐色或暗褐色，干燥后往往砖紫色，为扩展性的簇生，团块黏滑。藻体基部以匍匐枝附着于基质上，往往互相缠绕。胶质鞘明显，无色透明，随着藻体的成熟，胶质鞘逐渐增厚，且呈现层次，外层渐变粗糙。藻丝直径 9~25μm，细胞呈扁圆形，长是其宽的 1/8~1/3。相邻细胞间横壁处没有缢缩。藻丝顶端部不呈渐尖，末端细胞的外侧面钝圆形，但不呈冠状。

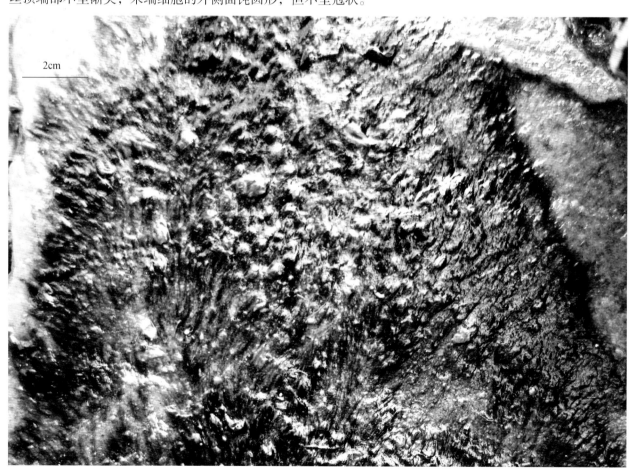

2cm

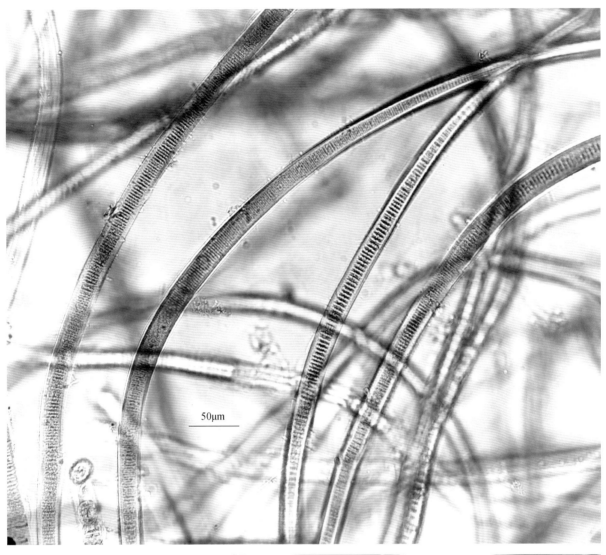

50μm

2cm

2. 海雹菜 *Brachytrichia quoyi* (C. Agardh) Bornet et Flahault

分类：枝藻目 Stigonematales　胶聚线藻科 Symphyonemataceae　海雹菜属 *Brachytrichia*

分布：大连市区、长海；辽东半岛至海南均有生长。

习性：生于中潮带上部至高潮带的具泥石块上或泥沙地表。

大小：直径 1~2cm，可达 5cm 或更大。

藻体深蓝绿色、亮蓝色或淡黑绿色，球形、半球形，通常扁平，胶黏状。幼期中实，表面光滑，后渐空心而皱。体内由许多藻丝体组成，下部藻丝体交织生长，上部则多数直立，呈平行分枝或放射状排列。藻丝末端呈短的或长的毛丝体。分枝常呈"V"形状态。藻丝细胞的形状不规则，间生异形细胞比营养细胞宽，球形或椭圆形。

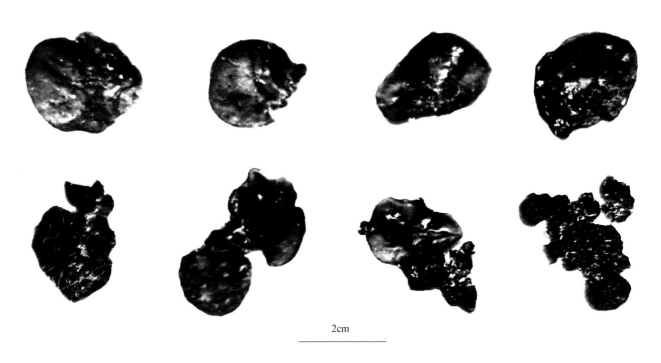

2cm

多个海雹菜个体

3. 肉色星丝藻 *Erythrotrichia carnea* (Dillwyn) J. Agardh

分类：红盾藻目 Erythropeltidales　红盾藻科 Erythropeltidaceae　星丝藻属 *Erythrotrichia*

分布：大连市区；山东青岛。

习性：附着在潮间带石沼中的岩石或其他藻体上。

大小：高 3mm。

藻体基部橄榄色，上部红紫色，直立部为单列细胞，组成丝状体，不分枝，基部细胞呈放射状分枝的假根固着于基质上，丝状体最宽处约 20μm，两端稍细，细胞长宽略等。单孢子由营养细胞形成的一弯壁分割形成。

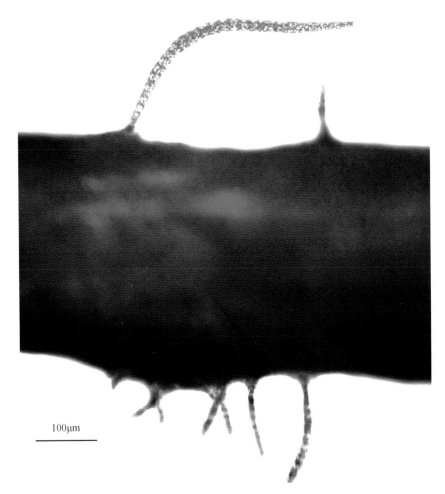

100μm

4. 红毛菜 *Bangia fusco-purpurea* (Dillwyn) Lyngbye

分类：红毛菜目 Bangiales　红毛菜科 Bangiaceae　红毛菜属 *Bangia*

分布：广泛分布于大连海域；山东、浙江、广东、广西、福建、台湾。

习性：生长在中、高潮带的岩礁、竹枝、木头或紫菜养殖筏架上。

大小：高 3~15cm。

藻体紫红色，直立，线状，不分枝，柔软，胶质，光滑，呈圆柱形。近基部由单列细胞组成，中上部由多列细胞组成，由于局部细胞停止分裂或死亡，藻体出现缢缩，形成短的节片。每个细胞具有一个星状色素体，其中央为淀粉核。基部细胞向下延伸出细长的假根丝，假根丝互相交错而后会合成盘状固着器，固着在基质上。

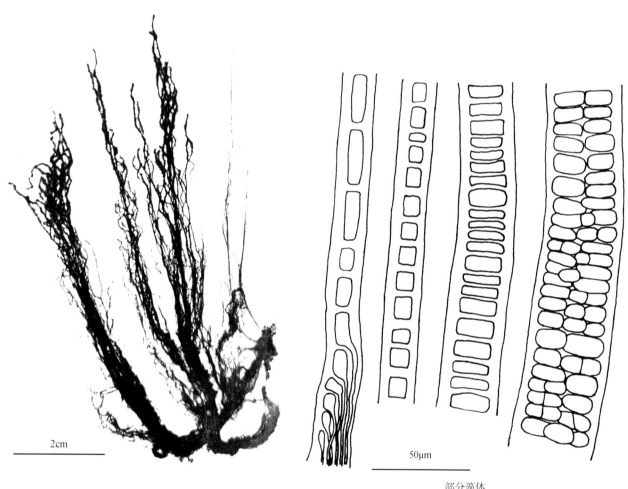

2cm

50μm

部分藻体

紫菜属 *Porphyra* 分种检索表

1. 藻体边缘有数排退化的细胞 ·· 边紫菜 *P. marginata*
1. 藻体边缘没有退化的细胞 ·· 2
　2. 精子囊器栅状排列 ·· 条斑紫菜 *P. yezoensis*
　2. 精子囊器不呈栅状排列 ··· 甘紫菜 *P. tenera*

5. 边紫菜 *Porphyra marginata* Tseng et Chang

分类：红毛菜目 Bangiales　红毛菜科 Bangiaceae　紫菜属 *Porphyra*

分布：大连市区、长海；山东荣成、青岛。我国黄海沿岸特有的冷温带性藻类。

习性：生长在低潮带石块、贝壳上或礁石上。

大小：高 12~24cm，可达 41cm。

藻体淡褐色或淡黄紫色，一般圆形，膜质，基部脐形或心形。叶片多波状皱褶。边缘由 5~10 排退化的细胞组成，越到外围，细胞越小。假根丝的附着细胞呈圆柱状。雌雄同株。精子囊比较靠近边缘细胞，先成熟，精子放出后，叶片逐渐形成大小不等、形式不一的孔洞。精子囊具有 64 个精子，表面观 8 个，共 8 层，分列式为♂A2B4C8；果孢子囊具有 16 个果孢子，表面观 4 个，共 4 层，分列式为♀A2B2C4。

3cm

6. 甘紫菜 *Porphyra tenera* Kjellman

分类：红毛菜目 Bangiales　红毛菜科 Bangiaceae　紫菜属 *Porphyra*

分布：大连市区、长海；山东青岛、文登、荣成。

习性：生长在潮间带岩石上。生长期为每年 11 月至次年 5 月，可延长至 6 月。

大小：高 20~30cm，可达 60cm；宽 2~5cm，可达 15cm。

膜质，形态变化很大，呈卵形、披针形或不规则的圆形等。基部楔形、圆形或心形。边缘多少有皱褶，平滑无锯齿。藻体比较薄，厚 20~33μm，单层，藻体上部红褐色，下部青绿色，色素体单一，中位。附着细胞呈卵形或长棒形。雌雄同株。精子囊器具有 64 个精子囊，表面观 16 个，断面观 4 层，分列式为 ♂A4B4C4；每个果孢子囊具有 8 个果孢子，表面观 4 个，断面观 2 层，分列式为 ♀A2B2C2。

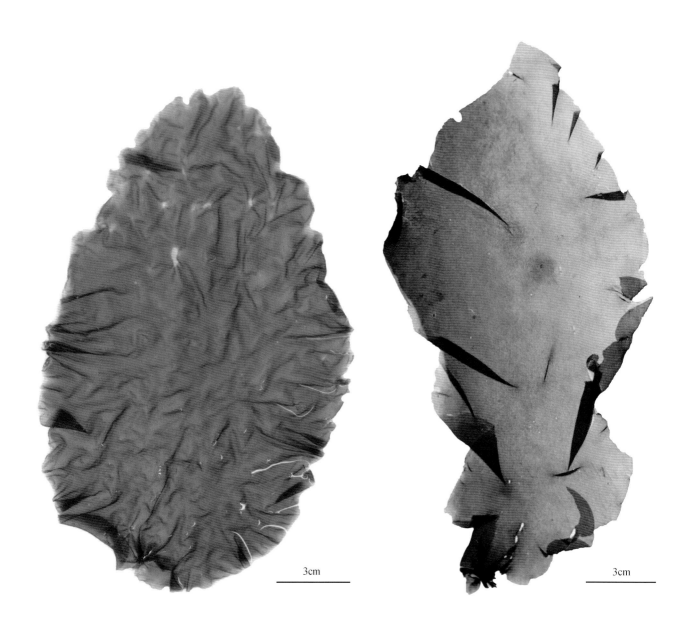

3cm

3cm

Porphyra tenera Kjellman

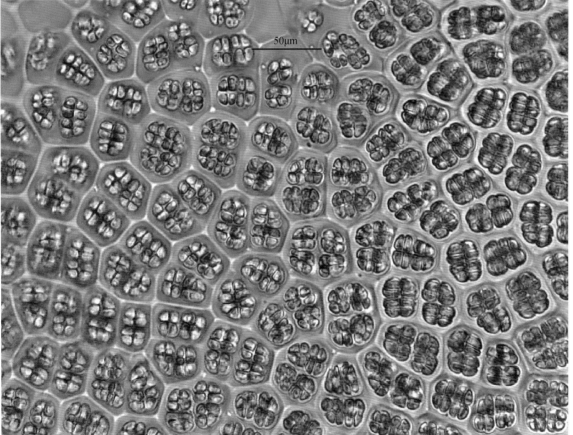

精子囊

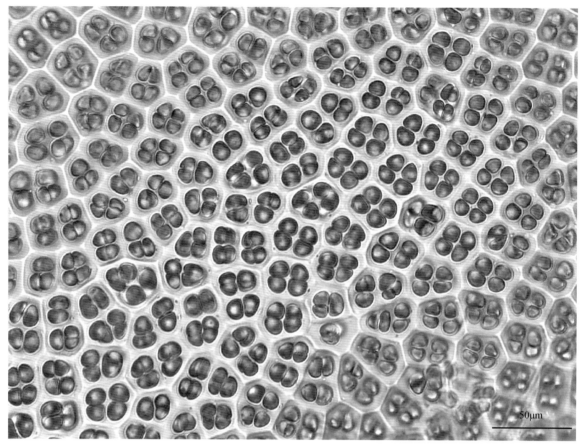

果孢子囊

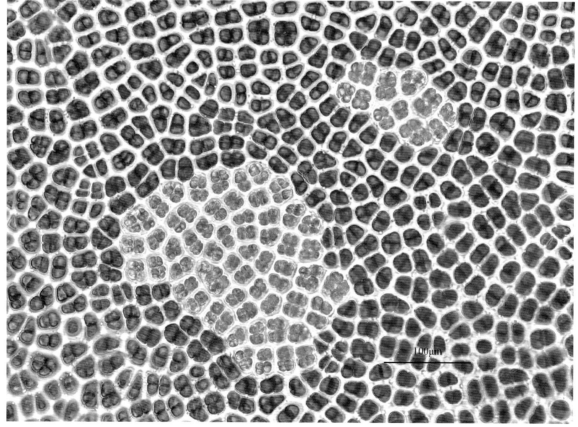

果孢子囊与精子囊

7. 条斑紫菜 *Porphyra yezoensis* Ueda

分类：红毛菜目 Bangiales　红毛菜科 Bangiaceae　紫菜属 *Porphyra*

分布：广泛分布于大连海域；浙江舟山群岛以北的东海北部、黄海和渤海沿岸。

习性：生长在潮间带、低潮带岩石上。

大小：高 10~30cm，可达 70cm；宽 2~8cm，可达 20cm。

藻体膜质，鲜紫色或黄褐色，基部圆形或心形。边缘有皱褶，但平滑无锯齿。藻体单层，厚 30~50μm，色素体单一，中位。生长假根丝的附着细胞呈卵形或长棒形。雌雄同株，淡黄色的精子囊群镶嵌在深紫红色果孢子囊群间，形成条纹粗长，宽 2mm 以上，栅栏状排列。精子囊器具有 64 个精子囊，分列式为 ♂A2B4C8，或 128 个精子囊，分列式为 ♂A4B4C8；每个果孢子囊具有 16 个果孢子，表面观 4 个，断面观 4 层，分列式为 ♀A2B2C4。

4cm　　　6cm

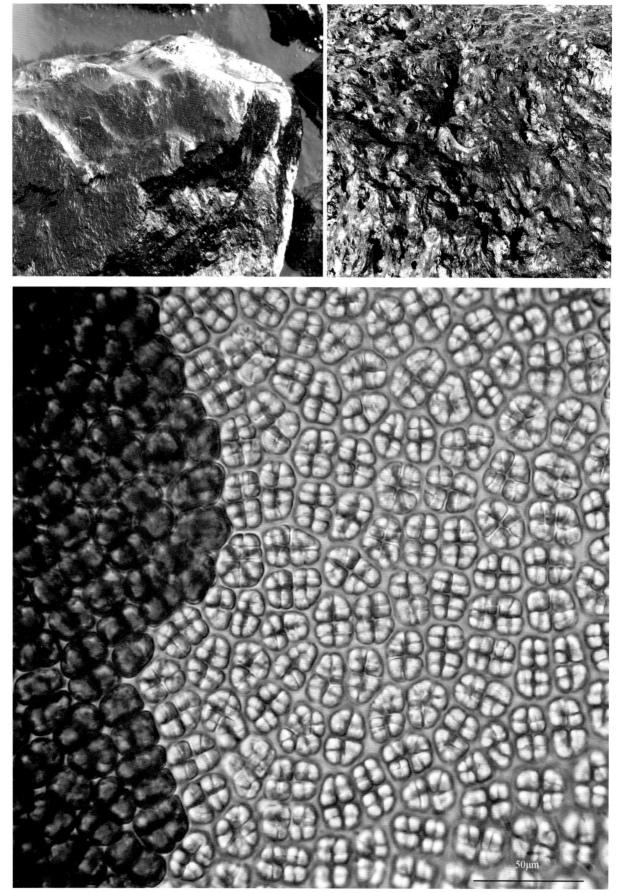

果孢子囊群与精子囊群

8. 丛出旋体藻 *Audouinella daviesii* **(Dillwyn) Woelkerling**

分类：顶丝藻目 Acrochaetiales　顶丝藻科 Acrochaetiaceae　旋体藻属 *Audouinella*

分布：大连市区；山东青岛、江苏连云港。

习性：在低潮带，附着于其他海藻体上或紫菜养殖筏上。

大小：高 1~4mm。

又名达维斯顶丝藻、丛出顶丝藻。藻体红色，簇生，微小。基部有很多不规则匍匐丝状体密集组成基盘，有时从基盘生出短的假根，附着于宿主体上。直立藻丝着生于基盘上，分枝不规则，侧生或互生，2~3 次，向上逐渐变细，细胞形状较规则，圆柱形。

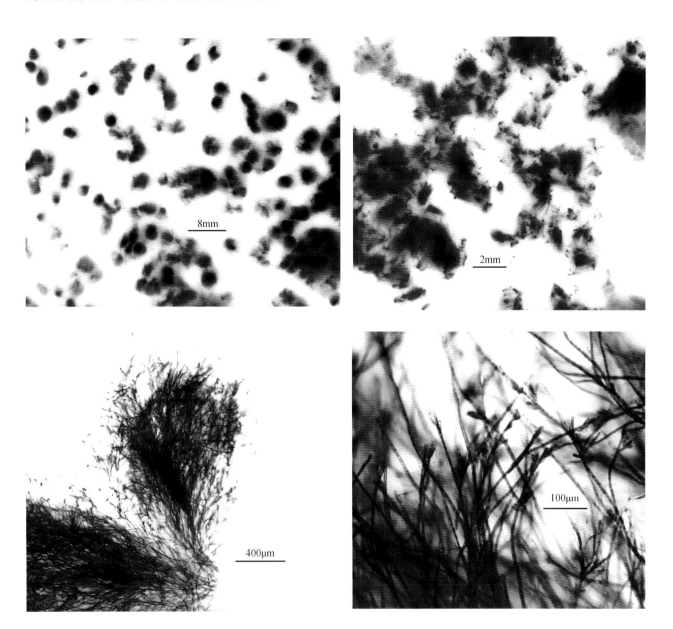

9. 海索面 *Nemalion vermiculare* Suringar

分类：海索面目 Nemalionales　海索面科 Nemaliaceae　海索面属 *Nemalion*

分布：大连旅顺、长海；山东烟台、青岛。

习性：生于中潮带、低潮带海水激荡处的岩石上。初见于 5 月，成熟期 7~9 月。

大小：长 7~40cm，宽 1.2~2mm。

俗名海面条、梳头菜。藻体深紫红色，渐老略带黄色，呈蠕虫状，质软而黏滑，单条或偶有极少的分枝。髓部的丝状体很细，径为皮层同化丝的 1/3~1/2。同化丝的细胞呈圆柱形。雌雄同株，精子囊及果胞枝常生在同一藻体的不同分枝上。

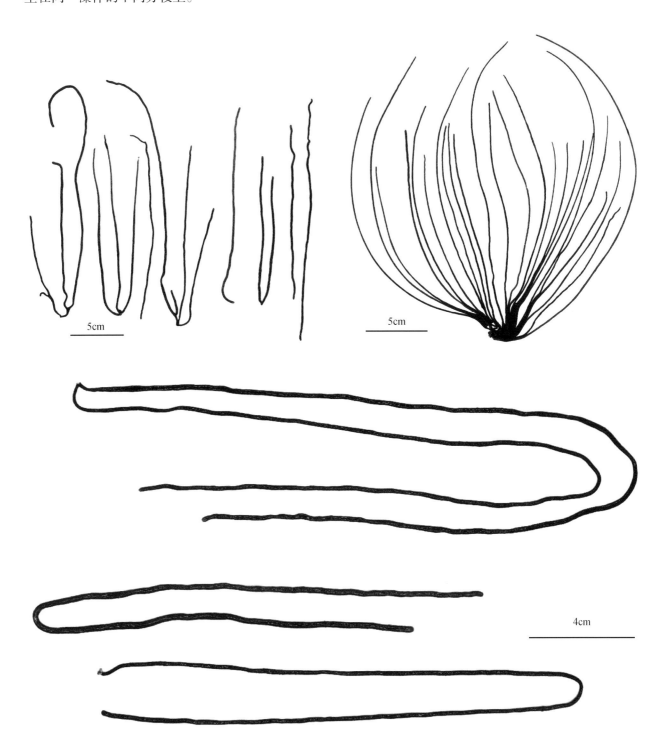

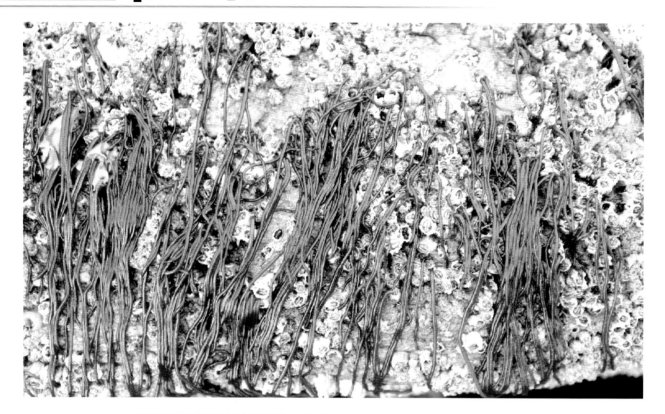

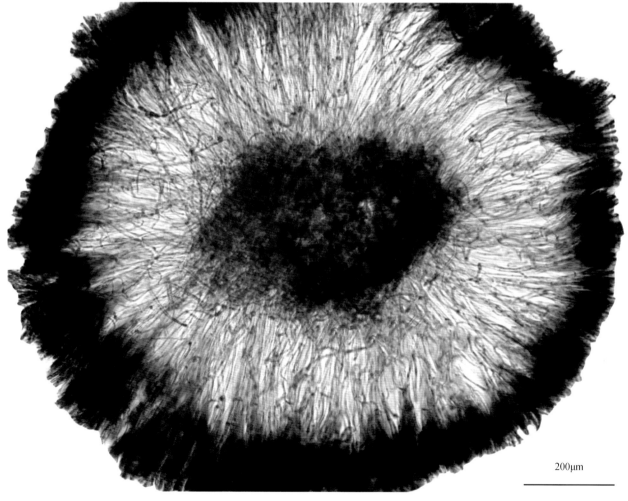

200µm

藻体横切面

50µm

囊果切面观

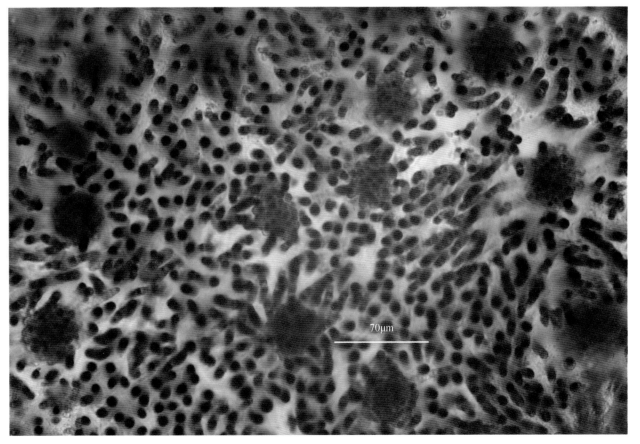

70µm

囊果表面观

10. 粗扁节藻 *Bossiella cretacea* (Postels et Ruprecht) Johansen

分类：珊瑚藻目 Corallinales　珊瑚藻科 Corallinaceae　扁节藻属 *Bossiella*

分布：大连旅顺；山东荣成、青岛。

习性：生长在中潮带和低潮带石沼中或水下 2~3m 处。

大小：高 5~7cm。

藻体直立生长，体含大量石灰质，粗壮，分枝二叉或不规则的二叉，近基部的节间圆柱形，长 2~3mm，径 1~2mm，主枝上部的节间圆柱形或略扁压，侧枝部的节间圆柱形，向顶部逐渐尖细或呈念珠状，侧枝和小分枝常从节间部位长出，有时一个节间可伸出 2~3 小枝，常一侧伸长，并可在小石子上形成固着盘。

2cm

珊瑚藻属 *Corallina* 分种检索表

节间部有明显的中肋状突起，主枝节间部髓细胞 8~12 层 ·················· 小珊瑚藻 *C. pilulifera*

节间部无明显的中肋状突起，主枝节间部髓细胞 16~19 层 ·················· 珊瑚藻 *C. officinalis*

11. 珊瑚藻 *Corallina officinalis* Linnaeus

分类：珊瑚藻目 Corallinales　珊瑚藻科 Corallinaceae　珊瑚藻属 *Corallina*

分布：广泛分布于大连海域；山东、浙江、福建。

习性：中潮带、低潮带的岩石上或石沼中。

大小：高 4~7cm。

藻体紫红色，直立丛生树枝状，基部呈壳状，藻体富含石灰质，易折断，圆柱形或扁圆柱形。2~3 回羽状分枝，且对生，主枝节间部髓细胞 16~19 层，靠近基部圆柱形，长 1mm，宽 1mm，中、上部分节间为亚楔形，长 1mm，宽 1~1.5mm，小羽枝的节间长 1~2mm，宽 0.5mm。四分孢子囊生于孢子体生殖窝内，带形分裂。

1cm

12. 小珊瑚藻 *Corallina pilulifera* Postels et Ruprecht

分类：珊瑚藻目 Corallinales　珊瑚藻科 Corallinaceae 珊瑚藻属 *Corallina*

分布：大连市区；山东、浙江。

习性：低潮带、中潮带的岩石上或石沼中。

大小：高 3~5cm。

藻体粉红色，壳状固着器。体矮小，密集丛生，外形和珊瑚藻有些相似。主枝节间部髓细胞 8~12 层。节间富含石灰质，节末钙化可活动，主轴与枝多扁压，节间倒三角形或截头形，上有中肋状突起。小羽枝的节间扁压。

1cm

13. 珊瑚石叶藻 *Lithophyllum corallinae* (P. L. Crouan et H. M. Crouan) Heydrich

分类：珊瑚藻目 Corallinales　珊瑚藻科 Corallinaceae　石叶藻属 *Lithophyllum*

分布：大连市区、长海；黄海沿岸。

习性：多附生在潮间带岩石上生长的珊瑚藻藻体上。

大小：高 1~3cm。

藻体浅紫红色，壳状，附生在珊瑚藻（*Corallina* spp.）藻体上，围绕着宿主的部分或全部主枝。藻体的纵切面观为二组织性构造，基层由 1 层细胞组成，上部由 8~30 层细胞组成。

红色圆圈内为珊瑚石叶藻

14. 太平洋石枝藻 *Lithothamnion pacificum* (Foslie) Foslie

分类：珊瑚藻目 Corallinales　珊瑚藻科 Corallinaceae　石枝藻属 *Lithothamnion*

分布：大连市区、长海；黄海、渤海沿岸。

习性：中潮带石沼中或低潮带的石头、牡蛎壳上。

大小：宽 4~8cm，厚 1~2mm。

俗称海浮石。藻体浅红紫色，壳状，固着生长在石头、牡蛎等基质上。壳状体表面长出许多疣状突起或突枝，突枝径 2~4mm，高 2~6mm，一般为单枝，有的枝条在基部彼此连接。围层中没有看到"杯形"层。

2cm

15. 勒农膨石藻 *Phymatolithon lenormandii* (Areschoug) Adey

分类：珊瑚藻目 Corallinales　珊瑚藻科 Corallinaceae　膨石藻属 *Phymatolithon*

分布：大连市区、瓦房店；山东。

习性：中潮带、低潮带的岩石上、贝壳上或石沼中。

大小：直径 2~5cm，厚 100~400μm。

藻体石竹色或紫红色，皮壳状固着于基物上。藻体基层由 6~8 层细胞组成；围层由基层向上产生，细胞圆形或卵圆形，表层由 1~2 层亚长方形细胞组成。四分孢子囊生殖窝群生，在壳状体的表面略凸起，生殖窝的顶部多孔；果孢子囊生殖窝半球形或圆锥形，窝单孔。

1cm

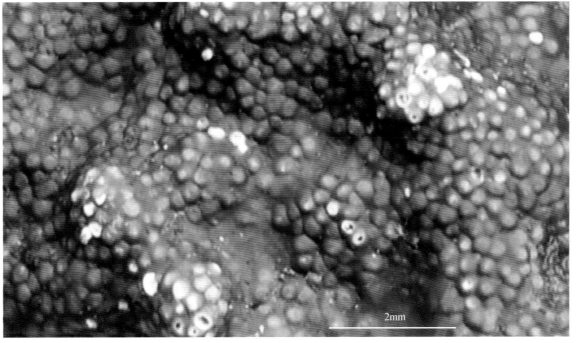

2mm

孢子囊群表面观

16. 大叶呼叶藻 *Pneophyllum zostericola* (Foslie) Kloczcova

分类：珊瑚藻目 Corallinales　珊瑚藻科 Corallinaceae　呼叶藻属 *Pneophyllum*

分布：大连市区、长海；山东。

习性：附生在潮间带和潮下带的大叶藻上。

大小：直径 2~8mm。

藻体紫红色，皮壳状，最初形成小的微圆的斑点，后来变成群集和汇合。纵切面观，边缘部分除外，壳状部分通常由 3~8 层细胞组成，相邻藻丝间的细胞融合现象普遍，没有异形胞。孢子囊生殖窝单孔，在藻体表面稍凸起。

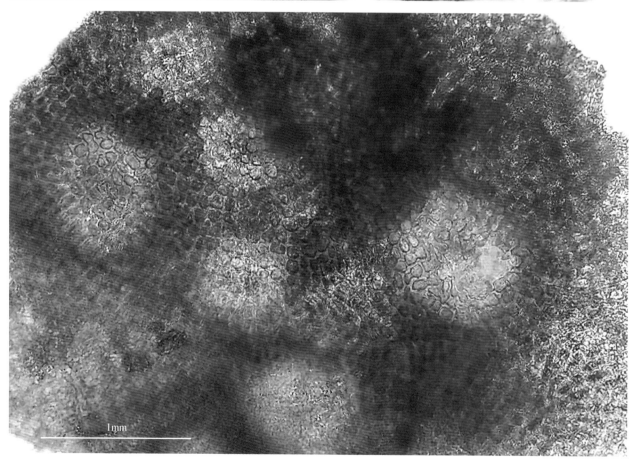

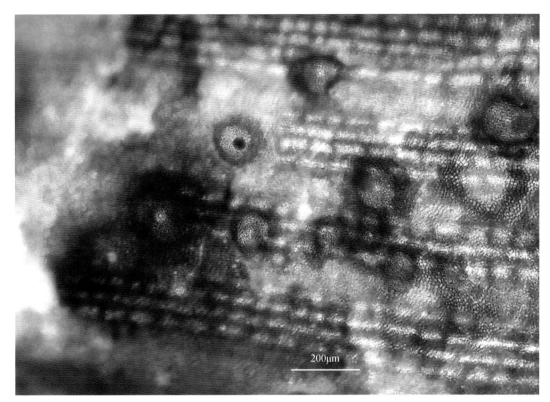

藻体表面观

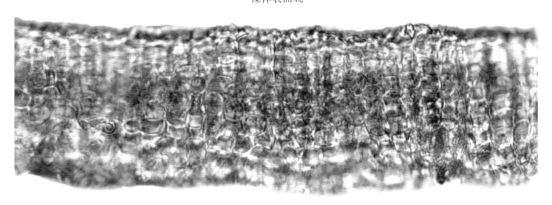

50μm

藻体纵切面

石花菜属 *Gelidium* 分种检索表

1. 藻体由匍匐部和直立部组成，直立部单条或分枝稀疏·· 2
1. 藻体无匍匐部，分枝甚多·· 3
　2. 藻体细丝状，不规则分枝，时有三叉分枝现象 ······························· 细毛石花菜 *G. crinale*
　2. 藻体细丝状或略扁，互生分枝 ··· 匍匐石花菜 *G. pusillum*
3. 藻体在 10cm 以上，小枝末端急尖·· 石花菜 *G. amansii*
3. 藻体在 10cm 以下，小枝末端钝形或略尖细··· 4
　4. 藻体矮小，匍匐且倾卧 ··· 小石花菜 *G. divaricatum*
　4. 藻体稍大，直立，枝上下宽窄不一 ·· 异形石花菜 *G. vagum*

17. 石花菜 *Gelidium amansii* (Lamouroux) Lamouroux

分类：石花菜目 Gelidiales　石花菜科 Gelidiaceae　石花菜属 *Gelidium*

分布：大连市区、长海；黄海、渤海沿岸习见种类。

习性：大干潮线附近至水深 6~10m 的海底岩石上。

大小：高 10~20cm，可达 30cm。

藻体紫红色，直立丛生。固着器假根状。下部枝扁压，两缘薄，上部枝扁或亚圆形。羽状分枝 4~5 次，互生或对生。生长初期藻体外形呈尖锥形，整齐羽状，随增长尖锥形消失，分枝腋角约 45°，羽状小枝 2~3 次，长短混杂，无规律，枝末端急尖，枝宽 0.5~2mm。囊果两面开孔。

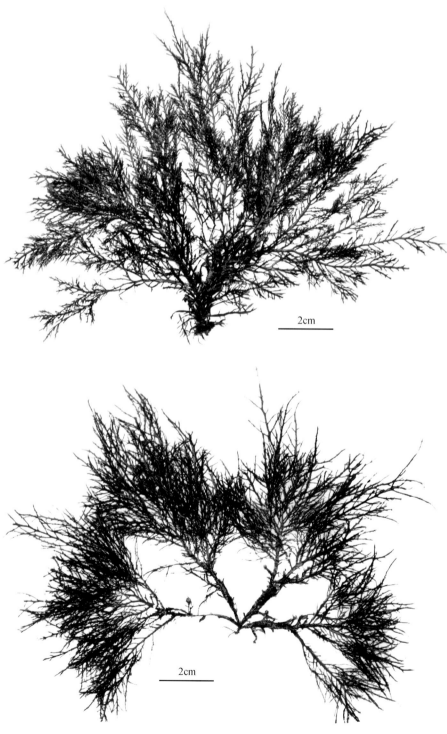

2cm

2cm

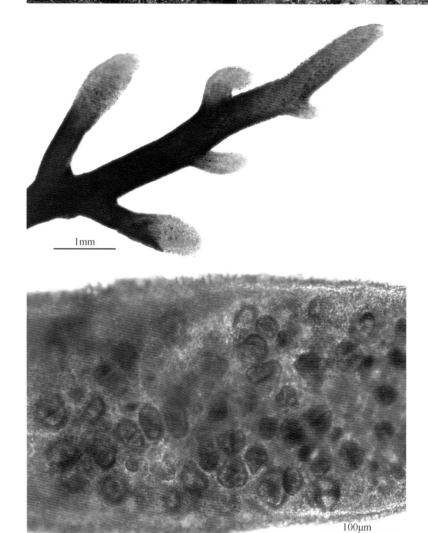

四分孢子囊枝

18. 细毛石花菜 *Gelidium crinale* (Turner) Gaillon

分类：石花菜目 Gelidiales　石花菜科 Gelidiaceae　石花菜属 *Gelidium*

分布：大连瓦房店、金州；为我国南北沿岸习见种类。

习性：生长在平静海湾中的低潮带有泥沙覆盖的岩石上。

大小：高 2~4cm，可达 5~6cm。

别名马毛。藻体暗紫色，亚软骨质，丛生，由匍匐部分和直立部分组成。匍匐轴圆柱状，匍匐蔓延于基质上，广角分枝，下生盘状固着器固着于基质上；直立轴不规则羽状分枝，互生或对生，有时同一节具有 2~3 个甚至 4 个分枝，枝下部圆柱形，上部扁圆，枝端尖锐。

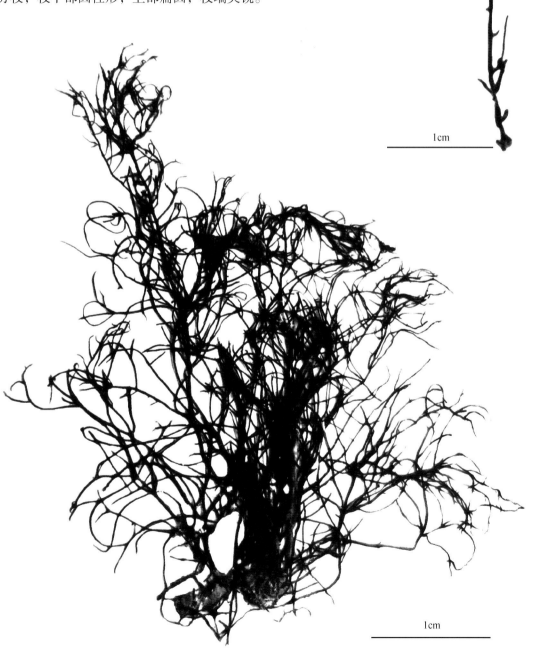

1cm

19. 小石花菜 *Gelidium divaricatum* Martens

分类：石花菜目 Gelidiales　石花菜科 Gelidiaceae　石花菜属 *Gelidium*

分布：大连市区、长海；山东、江苏、浙江、福建、广东。

习性：生长在中潮带岩石、藤壶以及其他贝壳上，常形成很大的群落。

大小：高 1~2cm。

藻体暗紫红色，亚软骨质，矮小，密集错综地生长在一起，匍匐且倾卧。体下部为线状的圆柱形或稍扁压的匍匐轴，用不规则木桩形固着器附着于基质上。直立枝源于匍匐轴，枝距多少有些规则，圆柱形或椭圆形，羽状分枝，其上有较密的对生或互生的小羽枝，枝端尖，生殖枝钝顶。

1cm

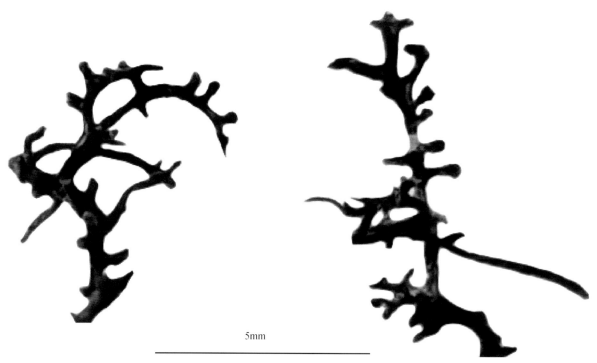

5mm

20. 匍匐石花菜 *Gelidium pusillum* (Stackhouse) Le Jolis

分类：石花菜目 Gelidiales　石花菜科 Gelidiaceae　石花菜属 *Gelidium*

分布：大连金州、长海；山东龙口、青岛，河北秦皇岛。

习性：丛生于潮间带的岩石上或贝壳上，4~12 月出现。

大小：高 1cm。

藻体小，丛生，由匍匐部分与直立部分组成。匍匐枝圆柱形，向下产生盘状固着器，向上产生直立枝，直立枝长 3~6mm，单条或不规则互生或对生分枝，基部亚圆柱形，上部略扁或扁平叶状。藻体暗紫色，膜质。

2mm

3mm

21. 异形石花菜 *Gelidium vagum* Okamura

分类：石花菜目 Gelidiales　石花菜科 Gelidiaceae　石花菜属 *Gelidium*

分布：大连市区、长海；河北北戴河，山东威海、荣成、青岛。

习性：生长在低潮带、潮下带 1m 左右岩石或石块上。

大小：高 3~10cm。

藻体紫红色或暗紫红色，亚软骨质至软骨质。藻体直立，丛生或单生，体大部薄而扁平，基部生一小盘状固着器，其上生有分枝的匍匐部分，形似走茎。主干扁压到扁平，老时中央变厚，两翼扁压，幅宽常不一致。分枝向上逐渐或突然变细，两缘互生分枝 1~2 次，甚至可达 3~4 次。

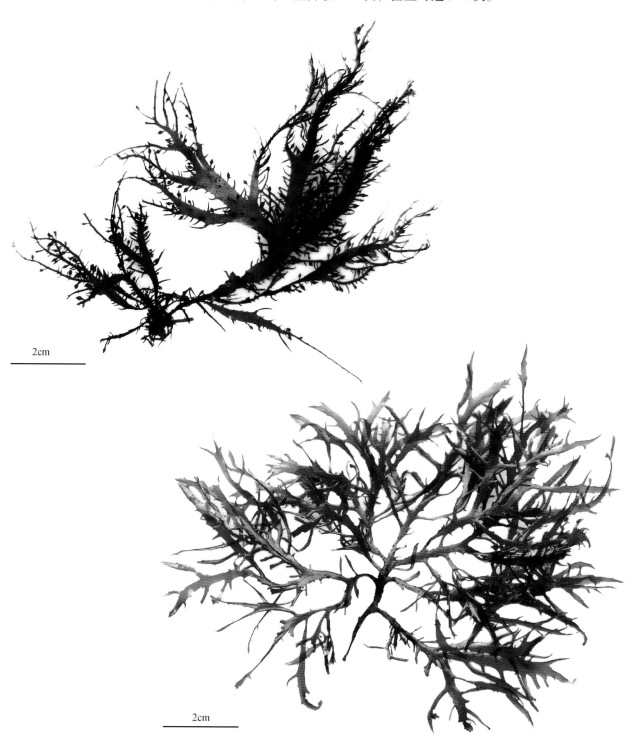

2cm

2cm

22. 拟鸡毛菜 *Pterocladiella capillacea* (Gmelin) Santelices et Hommersand

分类：石花菜目 Gelidiales　石花菜科 Gelidiaceae　拟鸡毛菜属 *Pterocladiella*

分布：大连瓦房店、长海、金州；山东、河北。

习性：大干潮线附近的岩石上或中潮带的石沼中。

大小：高 5~15cm。

藻体紫红色，扁压至扁平，规则地羽状分枝 2~3 次，对生或互生，整体呈金字塔形轮廓。枝宽 1~2mm，基部骤缩，末端钝头。主干和分枝间常呈直角。上部枝较密，下部枝略稀疏。内部构造有髓部和皮层之分，但二者无明显的界线。四分孢子囊群最初在末位枝上形成圆斑，其后逐渐延伸成长方形。囊果位于小枝的顶端下面，自一面膨胀突起，有一个较大的囊孔。

2cm

4cm

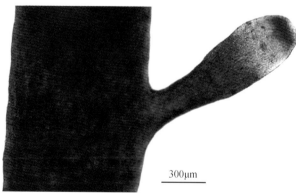

藻体顶端 藻体小枝

23. 胭脂藻 *Hildenbrandia rubra* (Sommerfelt) Meneghini

分类：胭脂藻目 Hildenbrandiales　胭脂藻科 Hildenbrandiaceae　胭脂藻属 *Hildenbrandia*

分布：大连市区、长海；山东青岛。

习性：生于潮间带的岩石、大小石块、贝壳等基质上，呈红斑状或蔓延呈薄壳状。

大小：宽 3~5cm。

藻体为薄壳状，蔓延于石块或其他基质上，表面光滑，紧密附着，呈紫红色、赤褐色或橘红色色斑。藻体厚 90~200μm，直立丝的细胞紧密成行，正方形或稍背斜排列伸长。生殖窝分散于藻体上层，短颈烧瓶形，宽而短，孔大。四分孢子囊为长卵形，不规则分裂，侧面丝不明显。

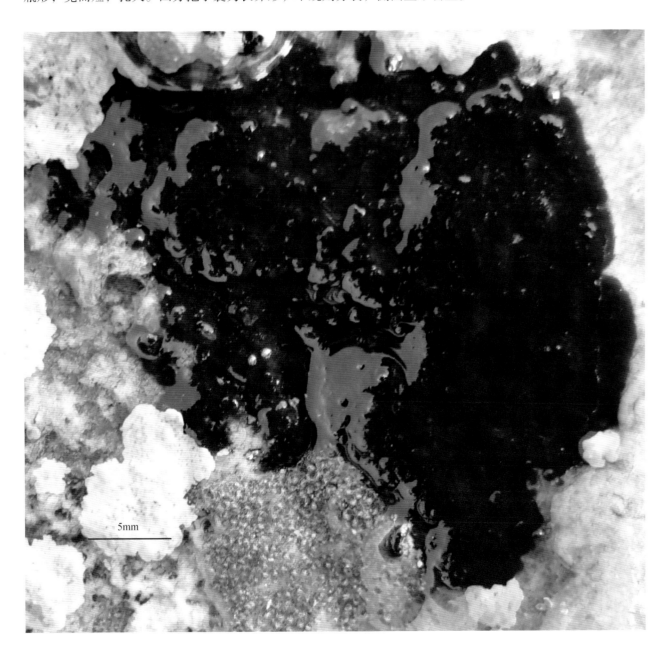

5mm

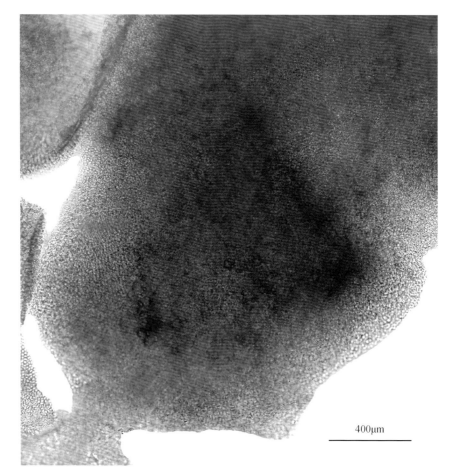

藻体表面观

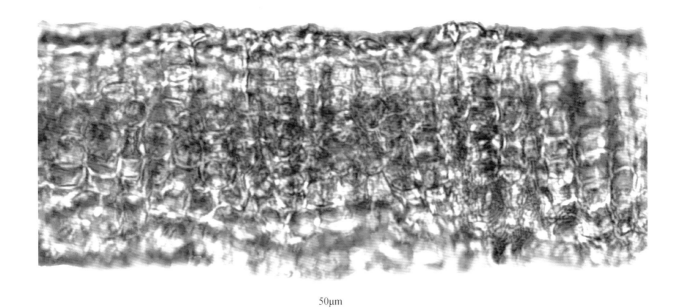

50μm

藻体切面观

24. 柏桉藻 *Bonnemaisonia hamifera* Hariot

分类：柏桉藻目 Bonnemaisoniales　柏桉藻科 Bonnemaisoniaceae　柏桉藻属 *Bonnemaisonia*

分布：大连旅顺；山东荣成、青岛。

习性：缠绕在低潮带和大干潮线下生长的大型藻体上。

大小：高 5~13cm。

藻体深玫瑰色或紫红色，分枝稠密，向各个方向生出，常缠绕在其他藻体上。主干和分枝均为圆柱形，直径 1~2mm。分枝有长短两种，两者交互生长。短枝有时不甚规则，或折断，其上不再分枝。体下部的长枝比上部的长，因而藻体有金字塔形的轮廓。幼期分枝多而柔弱，渐长则逐渐变少而粗大，末枝互生，呈纺锤形。分枝近顶部的小枝有的膨大弯曲成钩形，以便于藻体缠绕。四分孢子体丛生，细丝状，长 1~3cm，曾称腺丝藻（*Trailliella intricata*）。

1mm

1mm

部分果孢子体小枝

2cm

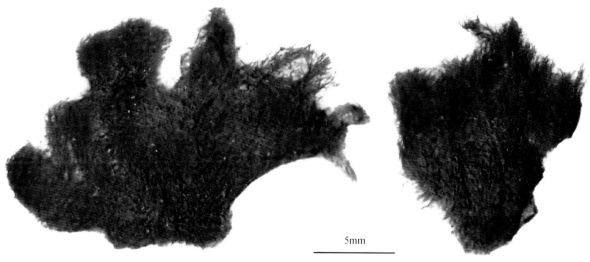

5mm

四分孢子体

25. 茎刺藻 *Caulacanthus ustulatus* (Turner) Kuetzing

分类：杉藻目 Gigartinales　茎刺藻科 Caulacanthaceae　茎刺藻属 *Caulacanthus*

分布：广泛分布于大连海域；遍布于我国沿岸。

习性：生长在高潮带、中潮带岩石上。

大小：高 1~2cm。

　　藻体矮小，聚生，形成密集的细弱团块，基部具有根状丝，向上长有圆柱状或稍扁压的分枝。分枝极不规则，互生，偏生，羽状到分叉，生有或长或短的刺状小枝，这些小枝常外弯曲（下弯）。枝端尖锐。枝与枝间常用附着物互相黏连。红褐色，膜质。

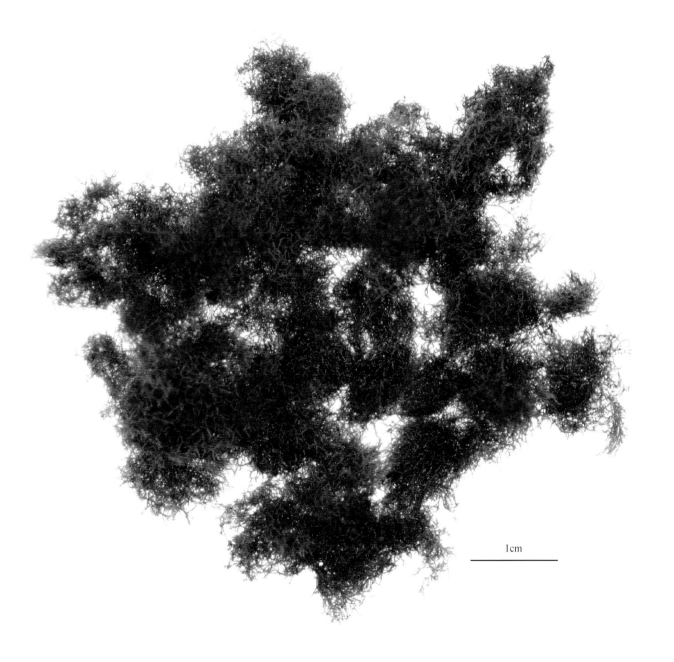

1cm

1cm

26. 单条胶黏藻 *Dumontia simplex* Cotton

分类：杉藻目 Gigartinales　胶黏藻科 Dumontiaceae　胶黏藻属 *Dumontia*

分布：广泛分布于大连海域；山东。

习性：生长在潮间带岩石上或石沼中。

大小：高 10~32cm，宽 5~30mm。

藻体深红色，老成后色淡，数条丛生，不分枝，膜状。基部具小盘状固着器，其上有一短的较细的楔形柄，向上逐渐扩张成为一个倒披针形的扁平叶片，顶端为圆形，边缘平滑，稍有波状褶皱。体表面光滑，内部组织疏松，体壁外层细胞较小、内层细胞大。

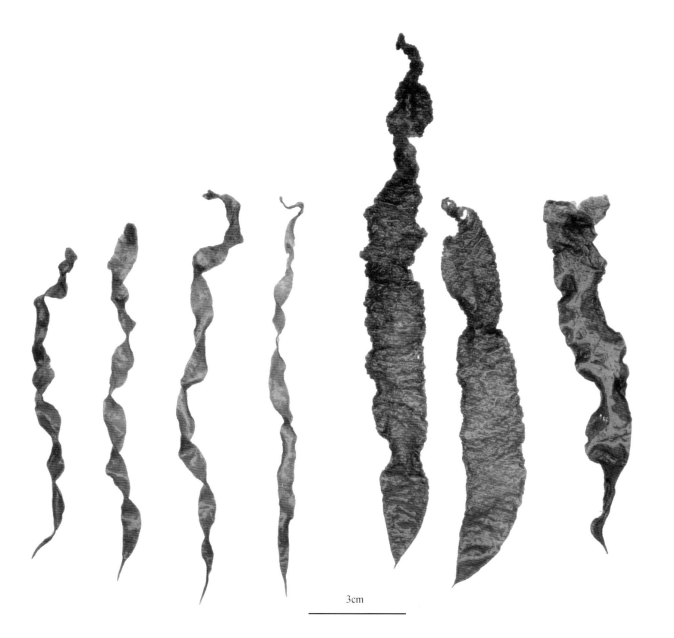

3cm

2cm

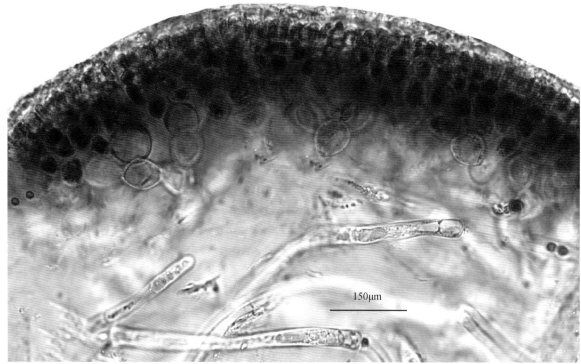

藻体部分横切面

150μm

27. 亮管藻 *Hyalosiphonia caespitosa* Okamura

分类：杉藻目 Gigartinales　胶黏藻科 Dumontiaceae　亮管藻属 *Hyalosiphonia*

分布：大连市区、长海；山东、河北。

习性：生长在大干潮线附近的岩礁上。

大小：高 10~20cm，宽 1~2mm。

　　藻体红色，褪色后呈橘红或淡黄绿色，柔软黏滑丛生。盘状固着器，上生有主干，干基部较细，中部粗大，呈圆柱状。在主干四周生出许多不规则分枝，形状与主干相同，略细，长短不齐，并再生小枝，这些小枝更细，呈丝状，在主干和分枝体上还有无数细小的毛状小枝。内部组织疏松，幼小时有明显的中轴，中轴细胞为圆柱状。成熟的藻体在分枝的表面上有半球状的突起囊果。

2cm

3cm

3cm

28. 海萝 *Gloiopeltis furcata* (Postels et Ruprecht) **J. Agardh**

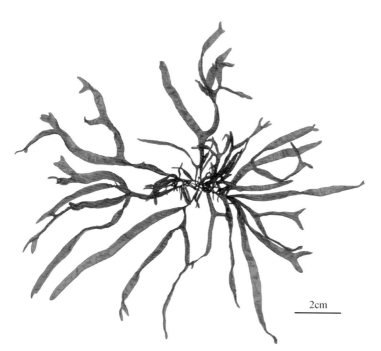

2cm

分类：杉藻目 Gigartinales　内枝藻科 Endocladiaceae　海萝属 *Gloiopeltis*

分布：广泛分布于大连海域；山东、浙江、福建、广东、台湾。

习性：常丛生在高潮带、中潮带的岩石上。

大小：高 4~10cm，可达 15cm。

俗名牛毛菜。藻体紫红色，丛生，不规则叉状分枝。基部固着器为盘状，分枝处常缢缩。枝可达4mm宽，亚圆柱状。体内中轴由长圆柱状细胞组成，向四周放射式分枝。幼期或分枝顶端常有中轴的痕迹，较老的部分则不见中轴，变成中空，因而藻体出现扁陷现象。四分孢子囊散生在皮层中，十字形分裂。成熟时囊果很小，球形或半球形，密集地突出藻体表面。

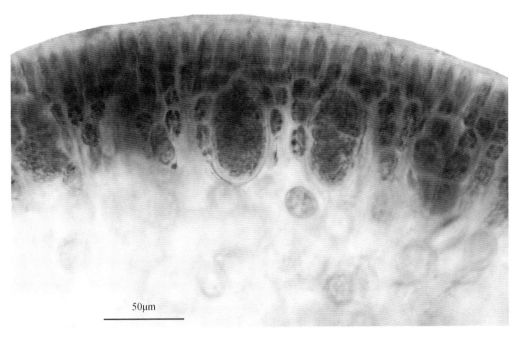

四分孢子囊切面观

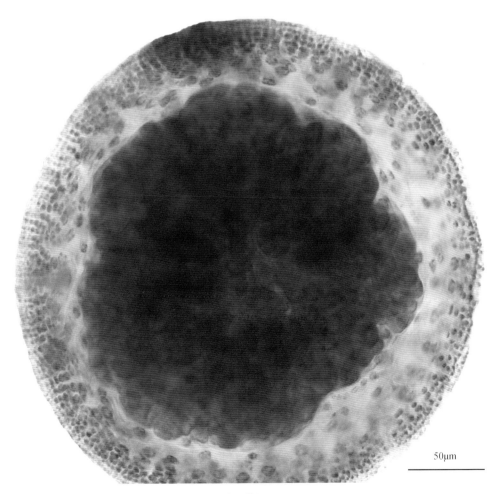

囊果横切面观

29. 线形软刺藻 *Chondracanthus tenellus* (Harvey) Hommersand

分类：杉藻目 Gigartinales　杉藻科 Gigartinaceae　软刺藻属 *Chondracanthus*

分布：大连旅顺；黄海、东海。

习性：生长在中潮带、低潮带的石沼中。

大小：高 3~7cm，宽 1~2mm。

藻体直立，丛生，线形或扁压。基部具瘤状固着器，体基部细圆柱形，不规则互生或对生分枝，枝伸展，枝基略缩，枝端尖锐，枝略弯曲。藻体紫红色，软骨质，制成的腊叶标本不完全附着于纸上。

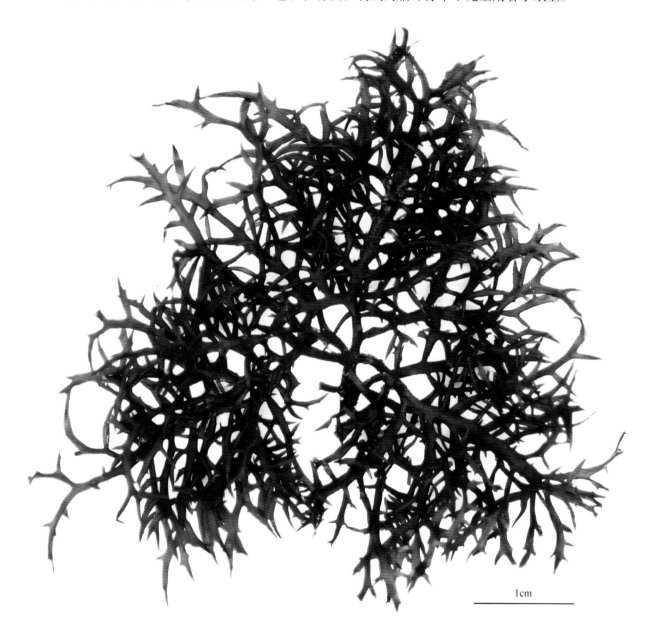

1cm

角叉菜属 *Chondrus* 分种检索表

藻体窄线状，生殖器官生于分枝及小枝上⋯⋯⋯⋯⋯⋯⋯⋯⋯⋯⋯⋯⋯⋯扩大角叉菜 *C. armatus*

藻体扁平，生殖器官生于末枝⋯⋯⋯⋯⋯⋯⋯⋯⋯⋯⋯⋯⋯⋯⋯⋯⋯日本角叉菜 *C. nipponicus*

30. 扩大角叉菜 *Chondrus armatus* (Harvey) Okamura

分类：杉藻目 Gigartinales 杉藻科 Gigartinaceae 角叉菜属 *Chondrus*

分布：大连市区；山东威海。

习性：生长在低潮带、潮下带的岩石上。

大小：高 8~30cm。

外来种。藻体直立，单生或丛生，窄线状，基部具小盘状固着器，借以固着于基质上。藻体一般没有及顶的主轴，主枝径 2~3mm；不规则叉状分枝，分枝密集，枝缘生长有很多短的侧生的亚圆柱形到圆柱形最末小枝或小育枝，其基部不缩，顶端刺状，单条或分叉，径 0.2~1mm。藻体褐色，软骨质，较硬。

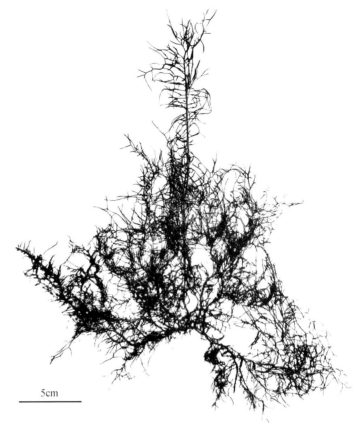

5cm

幼体

31. 日本角叉菜 *Chondrus nipponicus* Yendo

分类：杉藻目 Gigartinales　杉藻科 Gigartinaceae　角叉菜属 *Chondrus*

分布：大连市区、长海；山东青岛、荣成。

习性：生长在中潮带下部、低潮带的岩石上或石沼中。

大小：高 5~20cm。

藻体暗紫红色，有时略带绿，革质或软骨质，直立单生或丛生。扁平叶状，固着器为盘状，近基部有扁压形的柄，向上楔形，后逐渐扩张；不规则叉状分枝，边缘生有很多小育枝，小育枝基部纤细，顶端钝圆或略尖。四分孢子囊群散生在藻体上部边缘的小育枝上，稍突出于体表面；囊果明显地突出于表面，生长在藻体边缘的小育枝或最末小枝上。

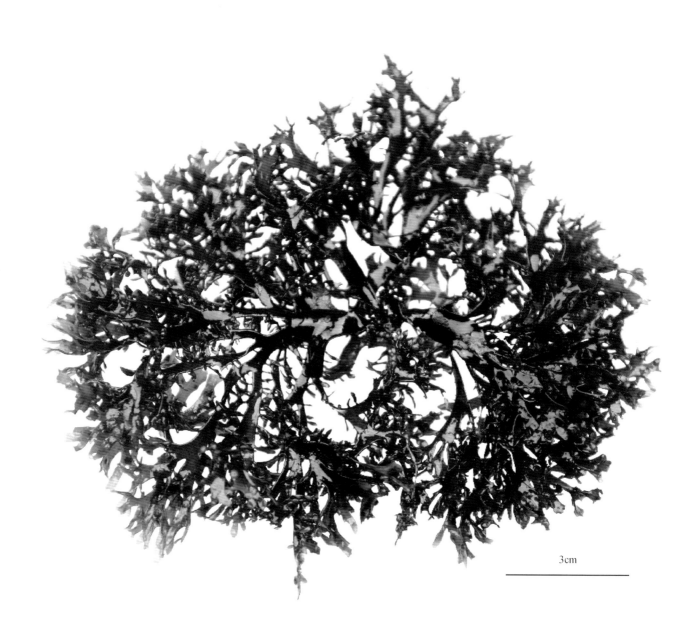

3cm

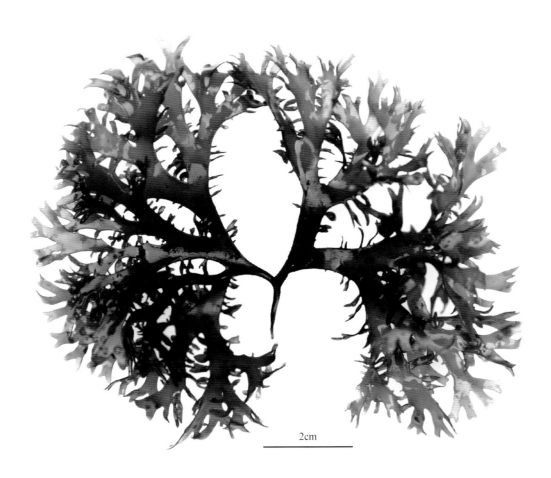

2cm

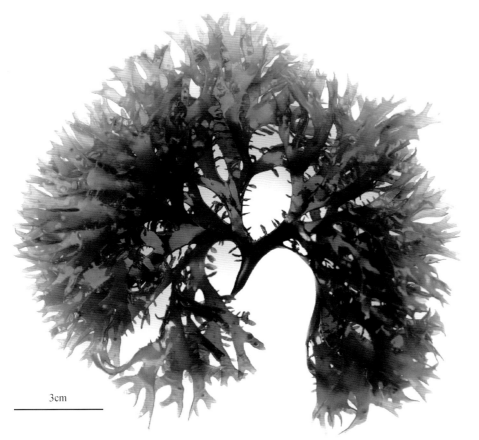

3cm

32. 日本马泽藻 *Mazzaella japonica* (Mikami) Hommersand

2cm

分类：杉藻目 Gigartinales 杉藻科 Gigartinaceae 马泽藻属 *Mazzaella*

分布：大连市区、长海、瓦房店。

习性：生长在潮间带石沼中或低潮线下的岩石上。

大小：高 10~30cm，宽 1~6cm。

外来种。藻体扁平叶状，丛生。固着器盘状，下部具楔形的柄，上部立即扩张成叶部，单叶不分枝或分枝不规则，次数变化较大，多为叉状，叶片卵形或长卵形，或不甚规则；叶片边缘全缘或有皱褶，紫红色，软骨质。四分孢子囊群散生在藻体上；囊果球形，散生在叶片上，明显突出于叶面。

3cm

2cm

果孢子体部分藻体

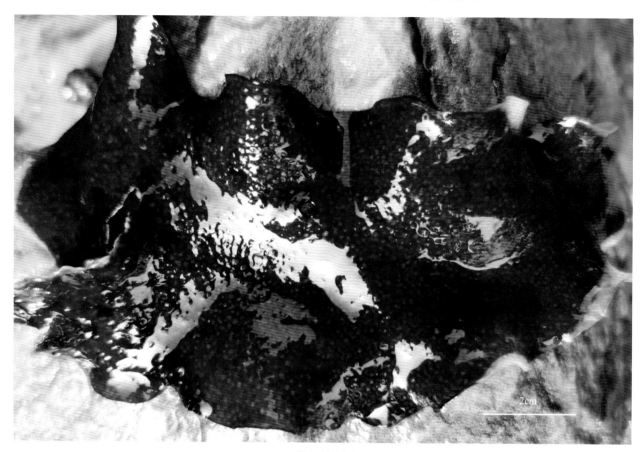

四分孢子体叶片

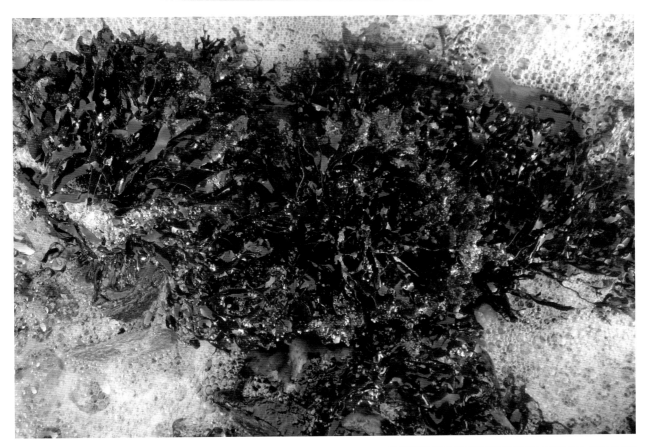

33. 黏管藻 *Gloiosiphonia capillaris* (Hudson) Carmichael

2cm

分类：杉藻目 Gigartinales　黏管藻科
Gloiosiphoniaceae　黏管藻属 *Gloiosiphonia*

分布：大连市区、长海；山东青岛、烟台。

习性：生长在低潮的岩石上或潮间带的石沼中。

大小：高 6~21cm。

藻体红色、淡红色，多数丛生，盘状固着器，体为圆柱形线状，长成后稍呈管状，很柔软。主茎直立，下部生有不规则分枝，互生或对生，枝 3~7cm，侧枝又生有小枝，越分越细、越短。小枝基部逐渐变细，枝端明显变尖。在枝生长点附近的皮层细胞有纤细透明毛，单条，早期脱落。囊果在皮层下散布很密。

4cm

4cm

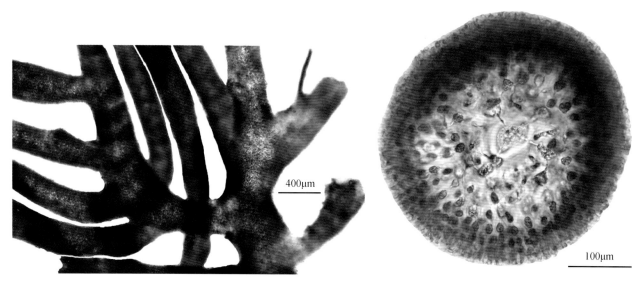

藻体部分小枝 藻体横切面

34. 盾果藻 *Carpopeltis affinis* (Harvey) Okamura

分类：杉藻目 Gigartinales　海膜科 Halymeniaceae　盾果藻属 *Carpopeltis*

分布：大连市区、长海；山东、浙江、福建。

习性：生长在中潮带、低潮带的岩石上或石沼中。

大小：高 4~7cm，可达 10cm。

藻体直立，丛生，线形。基部具不规则盘状固着器，体下部圆柱形或亚圆柱形，上部扁压，数回叉状分枝，枝宽 1~2mm，分叉处可达 3mm，上部分枝多于中下部，密集分叉，枝端尖细或扩张成钝形，多分叉，藻体边缘及表面生有小育枝。藻体暗紫红色，软骨质。四分孢子囊集生在枝端小的孢子囊枝上，囊枝长荚型，长 1.5~2mm，宽 0.5mm。囊果不规则球形，生长在枝上部的末枝上，外观有些微突。

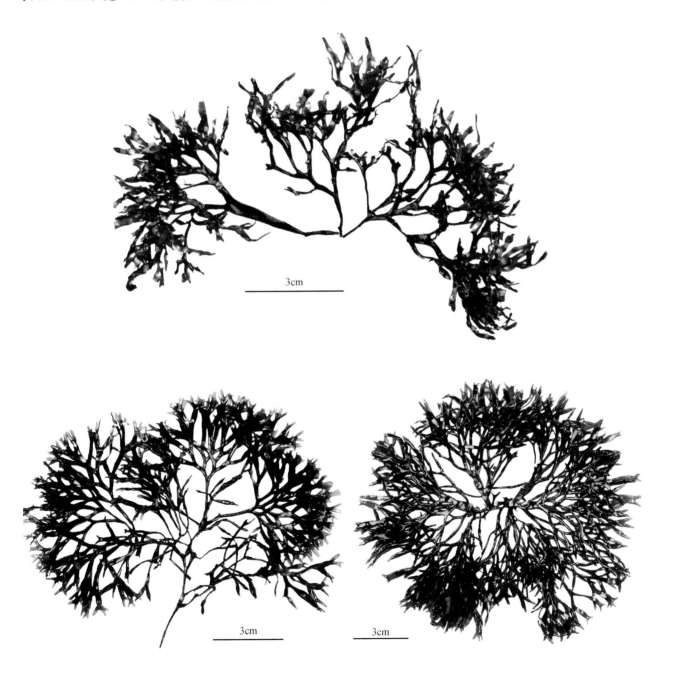

3cm

3cm　　　3cm

蜈蚣藻属 *Grateloupia* 分种检索表

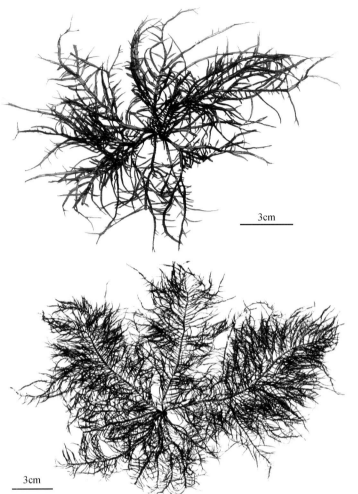

3cm

3cm

35. 亚洲蜈蚣藻 *Grateloupia asiatica* **S. Kawaguchi et H. W. Wang**

分类：杉藻目 Gigartinales　海膜科 Halymeniaceae　蜈蚣藻属 *Grateloupia*

分布：大连市区、长海；广布于我国南北沿海。

习性：生长在潮间带的岩石、石沼或泥沙滩的碎石上。

大小：高 7~75cm。

藻体直立，单生或丛生，紫红色，黏滑。固着器小盘状。主干单一，及顶而明显，亚圆形或亚扁形，宽 2~5mm，可达 8mm，自两缘规则或不规则地羽状分枝 2~3 次，互生或对生、互生混杂，基部不缢缩，有的分枝在藻体表面生出，主枝不中空。

3cm

36. 链状蜈蚣藻 *Grateloupia catenata* Yendo

分类：杉藻目 Gigartinales　海膜科 Halymeniaceae　蜈蚣藻属 *Grateloupia*

分布：大连长海、旅顺；山东。

习性：生长在中潮带的岩石或砂砾上。

大小：高 7~35cm。

　　藻体直立，单生或丛生，紫红色，软骨质，线状或扁压，固着器小圆盘状，2~3 回不规则羽状分枝，主枝基部的分枝较长，两侧密生长短不一的小枝。小枝对生、互生或偏生，基部缢缩，老体小枝多呈卵形、椭圆形或纺锤形，末端尖细或具嘴状凸起，呈节荚状。藻体中空。

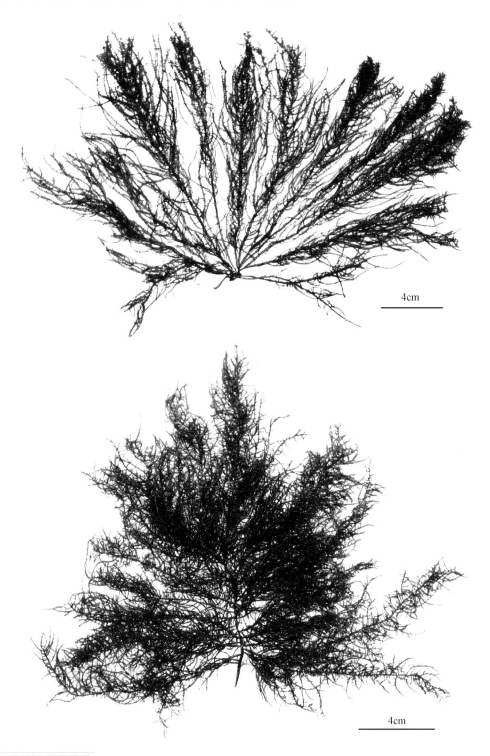

4cm

4cm

37. 亚栉状蜈蚣藻 *Grateloupia dichodoma* **J. Agardh**

分类：杉藻目 Gigartinales　海膜科 Halymeniaceae　蜈蚣藻属 *Grateloupia*

分布：大连市区、长海；山东。

习性：生于中低潮带岩石上，生长盛期在 5~7 月。

大小：高 15~40cm。

藻体直立，红褐色或深红色，主枝扁平；1~3 回羽状分枝，基部缢缩，对生或互生；质地软骨质。皮层 7~12 层，髓部髓丝错综交织，非中空。

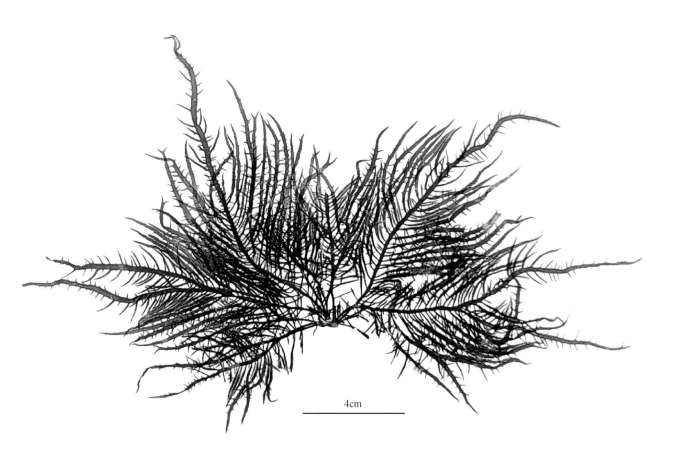

4cm

38. 叉枝蜈蚣藻 *Grateloupia divaricata* Okamura

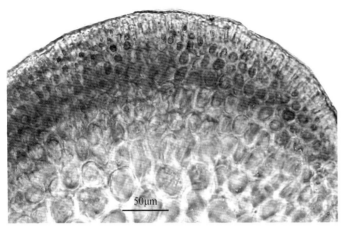

小枝部分横切面

分类：杉藻目 Gigartinales　海膜科 Halymeniaceae　蜈蚣藻属 *Grateloupia*

分布：大连长海；黄海、渤海。

习性：生于中、低潮带岩石上或养殖筏的浮筏上。

大小：高 6~18cm，可达 30cm。

藻体丛生，深褐色或黄红色，软骨质，干燥时为黄红色或黑色。主枝圆柱状或扁压，宽 1~1.5mm，一般主枝的下部裸露，没有小枝或分枝，中、上部两侧生一回羽状或叉状分枝及小枝，而分枝上也密生小枝，长 1~2cm，为单条或叉状。

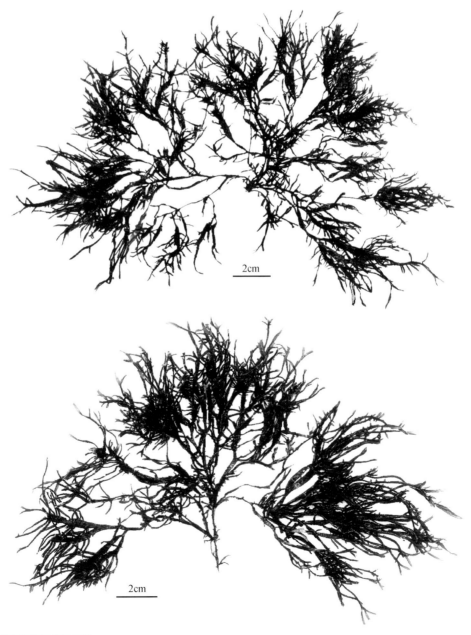

叉枝蜈蚣藻 *Grateloupia divaricata* Okamura

39. 椭圆蜈蚣藻 _Grateloupia elliptica_ Holmes

分类：杉藻目 Gigartinales　海膜科 Halymeniaceae　蜈蚣藻属 _Grateloupia_

分布：大连瓦房店、长海；浙江。

习性：生于中、低潮带岩石上或石沼中。

大小：高 20~30cm。

外来种。藻体深红色，单生或丛生，稍厚，质软，扁平叶状，呈掌形放射状深裂成数片披针形或椭圆形的裂片。固着器盘状。叶片全缘，有的两边缘有少量的羽状小裂片，有的顶端呈波浪形裂片。

4cm

4cm

40. 披针形蜈蚣藻 *Grateloupia lanceolata* (Okamura) Kawaguchi

分类：杉藻目 Gigartinales　海膜科 Halymeniaceae　蜈蚣藻属 *Grateloupia*

分布：大连市区、长海；浙江。

习性：低潮带的岩石上或石沼中，在风浪较小处，生长茂盛。

大小：高 8~30cm，可达 60cm。

　　藻体直立，单生或丛生，深红色或带黄色，黏滑，质硬为革质，固着器盘状，具短柄，向上分裂成数片披针形叶片，有的叶片扩大为长圆形或带状，末端渐尖，叶片边缘全缘或波浪形。

4cm

4cm

4cm

4cm

5cm

41. 舌状蜈蚣藻 *Grateloupia livida* (Harvey) Yamada

分类：杉藻目 Gigartinales　海膜科 Halymeniaceae　蜈蚣藻属 *Grateloupia*

分布：大连长海；浙江、台湾、福建、广东、海南。

习性：一般生长在高潮带附近的岩礁上或低潮带石沼中。

大小：高 10~25cm。

藻体紫红色或深红色，直立，质柔软，渐长则变硬厚，皮层由 7~10 层细胞组成。丛生，叉状裂片，体下部逐渐尖细，单条，不分枝或叉状分枝 1~2 次，但有时自两缘羽状分枝，有时自表面生出副枝。

3cm

42. 繁枝蜈蚣藻 _Grateloupia ramosissima_ Okamura

分类：杉藻目 Gigartinales　海膜科 Halymeniaceae　蜈蚣藻属 _Grateloupia_

分布：大连旅顺、长海；福建、海南。

习性：生长在低潮带到潮下带 5m 深的岩石上。

大小：高 13~22cm。

藻体直立，线形，聚生于一大的不规则盘状固着器上，体下部圆柱形，上部略扁压，藻体几乎等径，不规则叉状或互生分枝，简单或繁多，枝基略细，枝端尖，多在轴及枝的两侧产生许多长短不一的小育枝，枝端尖，枝基缢缩。藻体暗红色或黑红色，软骨质，干后变硬。

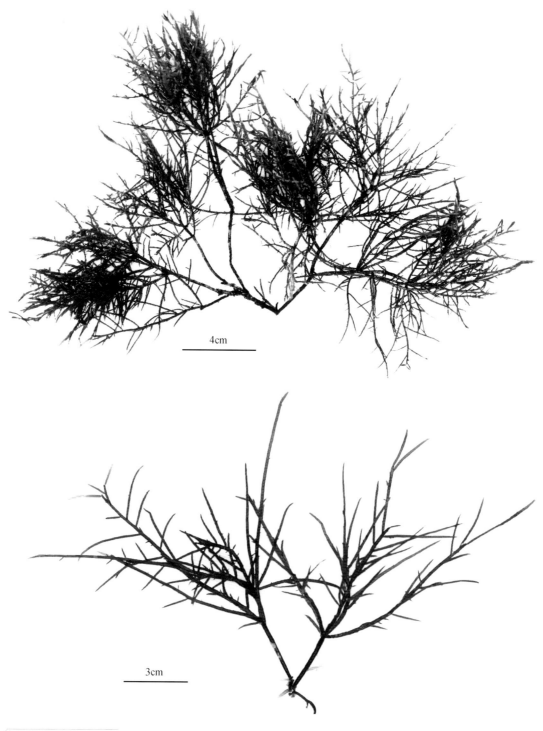

43. 带形蜈蚣藻 *Grateloupia turuturu* Yamada

分类：杉藻目 Gigartinales　海膜科 Halymeniaceae　蜈蚣藻属 *Grateloupia*

分布：大连市区、长海、瓦房店；黄海、渤海、东海。

习性：生长在大干潮线下水中岩石上及低潮带石沼中。

大小：高 40~100cm，宽 4~15cm。

藻体紫红色，片状、膜质、单生或丛生。藻体单条带状，边缘全缘，但有的基部或上部分裂为 1 条以上的小裂片，有的边缘还生出小羽枝。叶片基部向下形成小柄，固着器为圆盘状。

4cm

44. 海柏 *Polyopes polyideoides* Okamura

分类：杉藻目 Gigartinales　海膜科 Halymeniaceae　海柏属 *Polyopes*

分布：大连市区、长海、瓦房店；台湾、福建。

习性：生于中、低潮带易受波浪冲击的岩石上或石沼中。

大小：高 5~14cm。

藻体直立，密集丛生，藻体下部呈圆柱状，上部略扁压，基部生有圆盘状固着器，深褐红色，衰老死亡时为淡黄色或者白色，革质或软骨质。藻体上部分枝略微扁压，小枝末端颜色稍浅，呈亚二叉分枝。藻体上部分叉的距离较近，下部则枝距较远。藻体各分枝基部有轻微缢缩，偶有小育枝。藻体表面不黏滑。

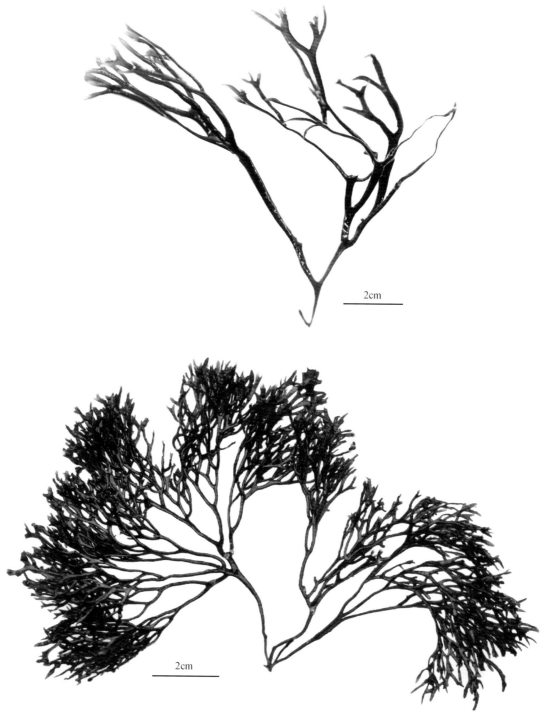

2cm

2cm

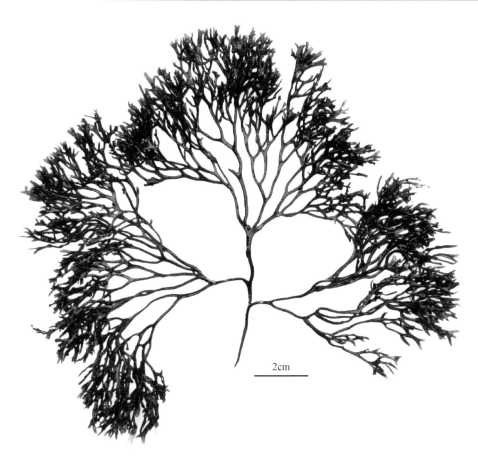

45. 掌状美叶藻 *Callophyllis palmata* Yamada

分类：杉藻目 Gigartinales　楷膜藻科 Kallymeniaceae　美叶藻属 *Callophyllis*

分布：大连长海、瓦房店；浙江。

习性：生长在低潮线附近风浪较大的岩礁上。

大小：高 10~25cm。

外来种。藻体直立，叶状，扁平，膜质，稍厚，116~124μm，3~4 回叉状或掌状分枝，扩展成扇形，上部分枝幅度较宽，为 0.5~1.5cm，分枝顶端呈二叉状凹陷，边缘全缘偶有微波状，向下逐渐变窄并缢缩成楔形，最基部生有圆柱状的直立短柄，长达 1cm。藻体颜色鲜红，干燥后能很好地粘于标本纸上。

2cm

3cm

46. 曾氏藻 *Tsengia nakamurae* (Yendo) K. C. Fan et Y. P. Fan

分类：杉藻目 Gigartinales　滑线藻科 Nemastomataceae　曾氏藻属 *Tsengia*

分布：大连长海、瓦房店；山东、河北。

习性：生于中、低潮带的岩石上或石沼中。

大小：高 10~20cm。

俗称滑枝藻、滑线藻。藻体深红色，黏滑，叉状或略呈叉状分枝，枝1~3mm宽，圆柱状或扁压，枝基不缩，枝端尖，腋角广开。髓部疏松，由纵斜排列的分枝的藻丝组成。皮层由6~8层细胞组成，细胞排列较紧密，内部细胞椭圆形或略呈圆形，表皮或接近表皮细胞呈狭长形。有些表皮细胞则生出单细胞的长毛。没有腺细胞。

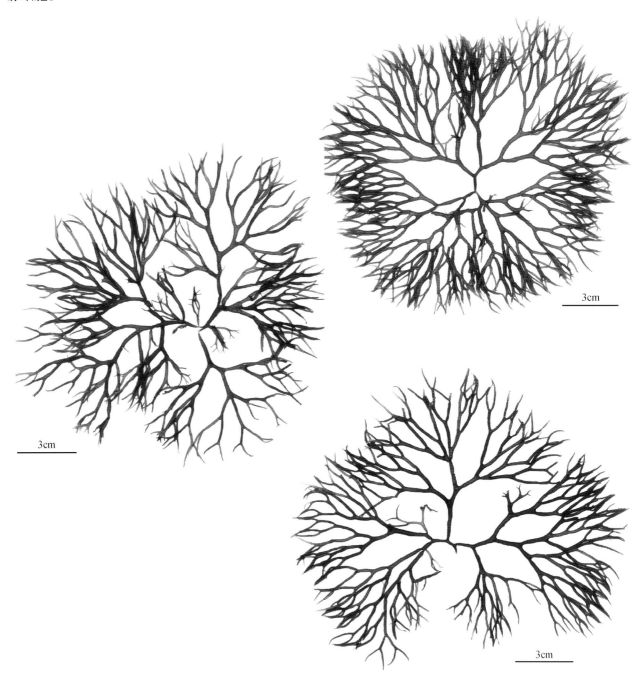

囊果表面观

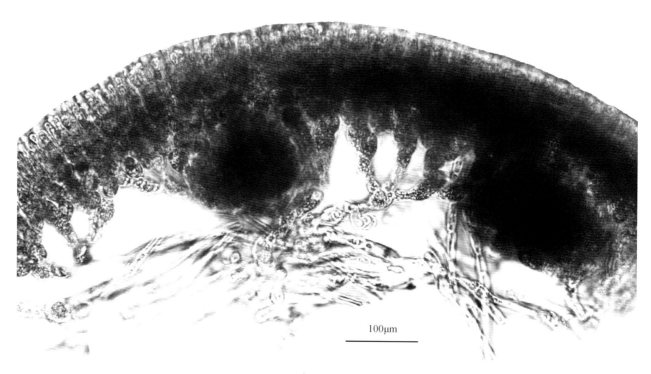

100μm

囊果切面观

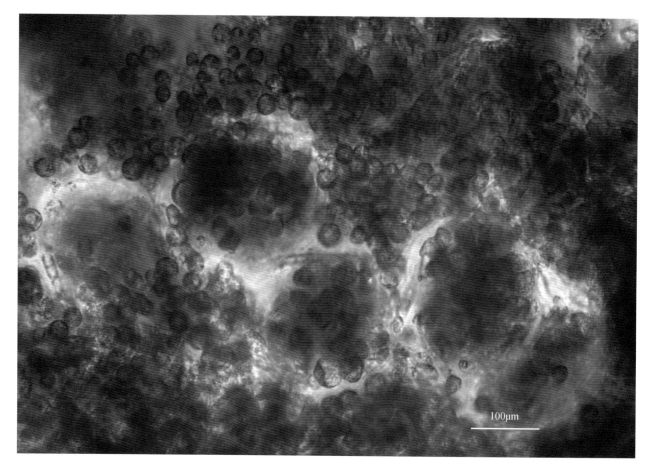

100μm

囊果表面观

47. 扇形拟伊藻 *Ahnfeltiopsis flabelliformis* (Harvey) Masuda

分类：杉藻目 Gigartinales　育叶藻科 Phyllophoraceae　拟伊藻属 *Ahnfeltiopsis*

分布：广泛分布于大连海域；北起辽东半岛，南至海南岛均有生长。

习性：潮间带的岩石上或石沼边缘。

大小：高 4~10cm。

藻体紫红色，软骨质，干后变黑或褐色。藻体直立，单生或丛生，基部具小盘状固着器附着于基质上，藻体基部亚圆柱形，其余部位均为窄线形扁压或扁平叶状，6~12 回二叉式分枝，枝宽 1~1.8mm，枝端尖或钝圆，有时略膨胀，微凹或二裂，边缘全缘或有时有小育枝。小育枝单条或 1~3 次分叉，枝距 2~9mm，体中下部枝距大于上部，分枝多集中在上部，整体有扇形轮廓。

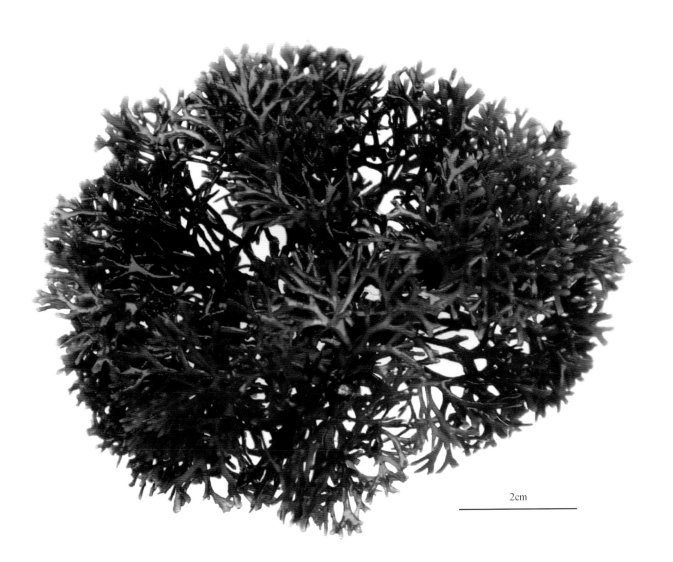

2cm

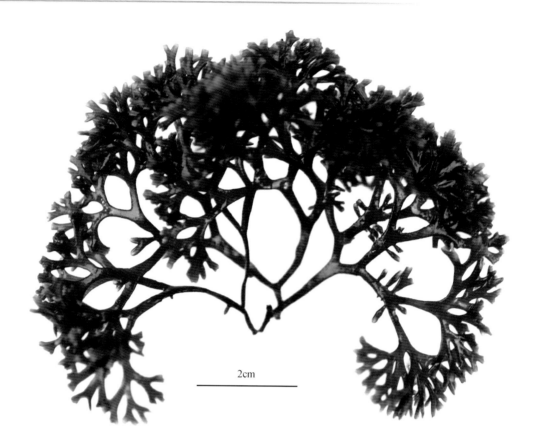

2cm

48. 细弱红翎菜 *Solieria tenuis* Xia et Zhang

分类：杉藻目 Gigartinales　红翎菜科 Solieriaceae　红翎菜属 *Solieria*

分布：大连瓦房店、长海；山东、河北、浙江、福建、广东、广西。

习性：生长在中潮带有沙覆盖的岩石上或石沼中。

大小：高 5~25cm。

藻体直立，圆柱形，淡紫红色或暗紫红色，质软多肉。单生或丛生，基部具盘状固着器，下部具类似高等植物的葡萄根；不规则 3~4 次互生分枝，分枝基部明显缢缩，顶端逐渐尖细。藻体内部构造比较疏松，外皮层细胞小，含色素体，1~2 层；内皮层细胞大，近圆形，2~3 层；髓部由疏松排列延长的丝体组成。囊果稍突出，散生于藻体各处。

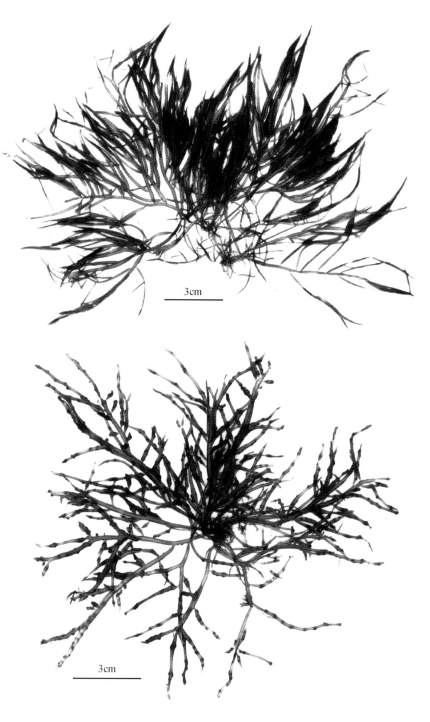

1cm

藻体基部的匍匐根

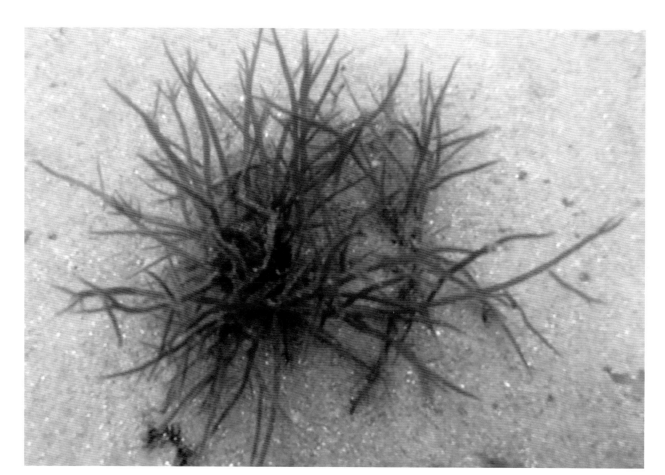

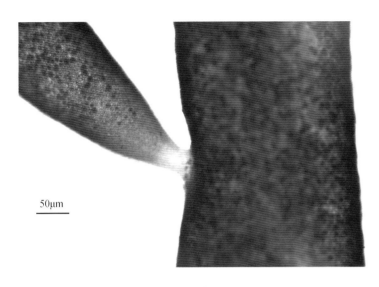

50μm

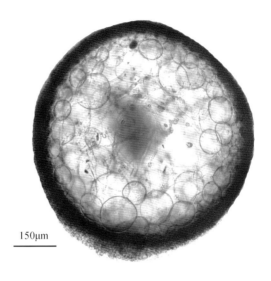

150μm

小枝基部 　　　　　　　　　　　　　　　　　　　　藻体横切面

100μm

藻体部分横切面

江蓠属 *Gracilaria* 分种检索表

1. 藻体明显扁平叶状·· 扁江蓠 *G. textorii*
1. 藻体线形圆柱形··· 2
　2. 藻体暗紫红色，精子囊窠在体表层形成连续的囊群 ······························ 龙须菜 *G. lemaneiformis*
　2. 藻体褐色，精子囊在皮层中形成深的下陷生殖窝状 ···························· 真江蓠 *G. vermiculophylla*

49. 龙须菜 *Gracilaria lemaneiformis* (Bory) Weber-van Bosse

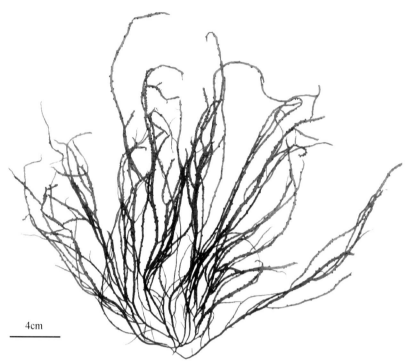

4cm

分类：杉藻目 Gigartinales　江蓠科 Gracilariaceae　江蓠属 *Gracilaria*

分布：大连市区、长海；山东青岛、荣成、乳山、日照等地。

习性：生长在潮间带下部的沙沼中到潮下带，半埋于有沙覆盖的岩石上。

大小：高 30~50cm，可达 1m。

藻体暗紫红色，软骨质，直立，单生或丛生。固着器盘状。体圆柱状，有很多不规则的分枝，分枝粗 0.5~2mm，基部显著缢缩，通常多单条，有时分枝上生有很多分枝。四分孢子囊十字形分裂，分布于皮层的表面。精子囊窠在体表层形成连续的囊群。成熟囊果半球形，具有明显的喙，着生于分枝上。

50. 扁江蓠 *Gracilaria textorii* (Suringar) De Toni

分类：杉藻目 Gigartinales　江蓠科 Gracilariaceae　江蓠属 *Gracilaria*

分布：大连市区、长海、瓦房店；黄海、渤海沿岸。

习性：生长在低潮带的石沼中及大干潮线附近或以下 1~2m 深处的岩石上。

大小：高 5~20cm。

藻体紫红色到暗紫红色，扁平叶状，丛生，革质，固着器盘状。基部有短柄，亚圆柱状。叶片一般为数回叉状分枝，有时不甚规则，宽度变异很大，5~40mm，全缘或呈波状，偶有单条或分枝的小育枝，枝端尖或呈舌形。表皮细胞含有色素体，皮层由 2~4 层细胞组成，由外向内增大，髓部由薄壁细胞组成。

3cm

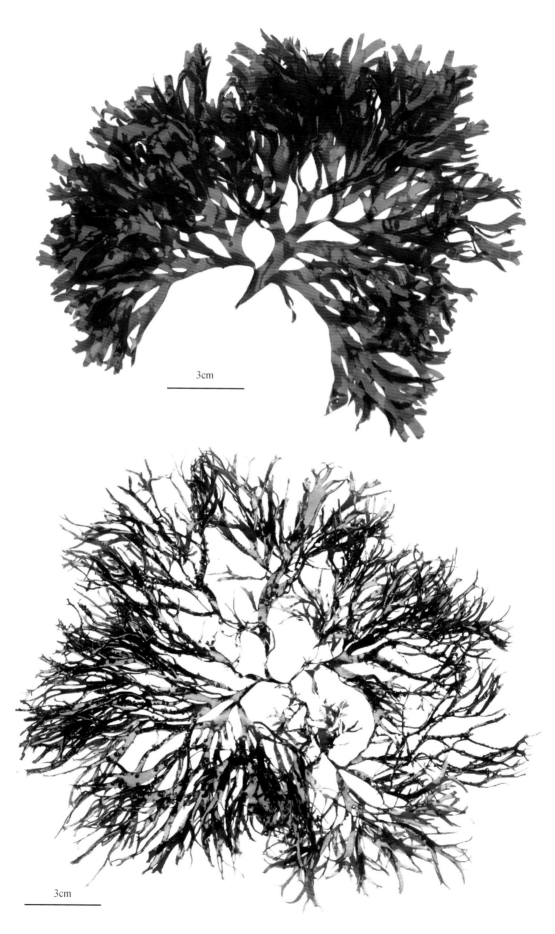

3cm

3cm

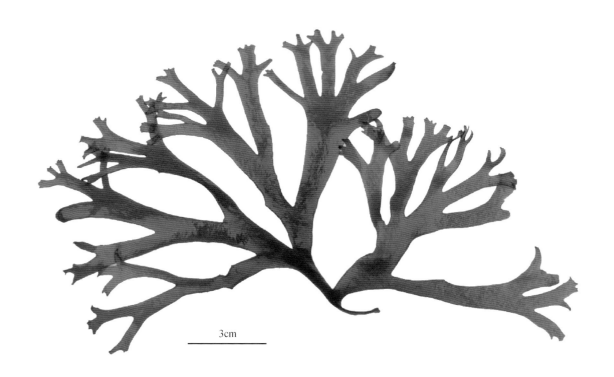

3cm

51. 真江蓠 *Gracilaria vermiculophylla* (Ohmi) Papenfuss

分类：杉藻目 Gigartinales　江蓠科 Gracilariaceae　江蓠属 *Gracilaria*

分布：大连市区、长海；我国沿海各海域。

习性：高、中潮带平静肥沃内湾的岩石、石砾、贝壳上等。

大小：高 30~50cm，可达 2m 左右。

藻体褐色，有时略带绿色或黄色，干后变黑色。直立，丛生，软骨质，线形。固着器盘状。一般具有主干，直径 1~3mm，分枝 1~4 次；一般偏生及互生，长短不一，基部略收缩。藻体内部为大的薄壁细胞组成髓部，外部为皮层细胞，细胞由内向外逐渐缩小。成熟四分孢子囊紫红色，散生于藻体表面，十字形分裂。精子囊生于浅坑或生殖窝状的下陷部分内。囊果突出在枝的表皮上，为半球形。

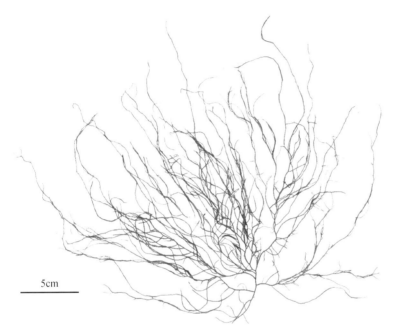

5cm

52. 环节藻 *Champia parvula* (C. Agardh) Harvey

分类：红皮藻目 Rhodymeniales　环节藻科 Champiaceae　环节藻属 *Champia*

分布：广泛分布于大连海域；我国沿海均有分布。

习性：潮间带下部的岩石上或其他海藻上。

大小：高 5~10cm。

藻体紫褐色或微绿色，柔软，黏滑，膜质。藻体直立，丛生，或附生在其他藻体上，由圆柱状分枝组成，互生，有时对生，枝基部略细，枝端渐细，顶端钝，由许多圆桶状节片组成；节处有横隔膜。藻体中空，皮层由 1~2 层细胞组成。

2cm

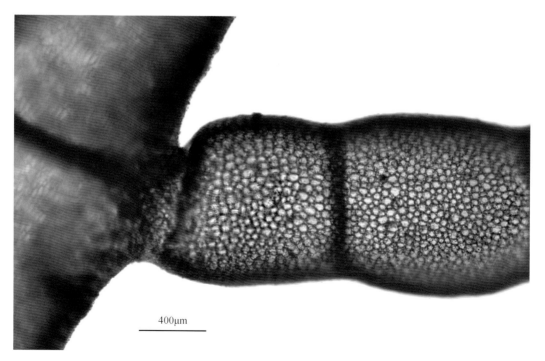

部分小枝

藻体横切面

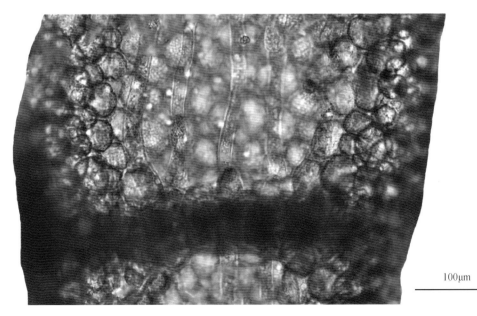

节处纵切面观（一）

100μm

节处纵切面观（二）

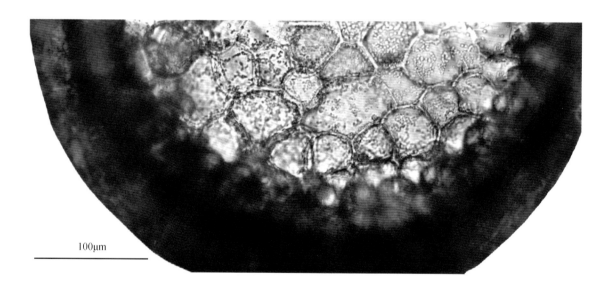

100μm

横隔膜横切面观

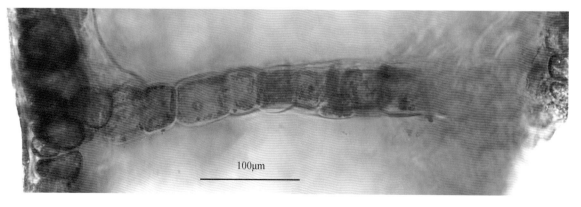

100μm

横隔膜纵切面观

53. 节荚藻 *Lomentaria hakodatensis* Yendo

分类：红皮藻目 Rhodymeniales　环节藻科 Champiaceae　节荚藻属 *Lomentaria*

分布：广泛分布于大连海域；我国沿海均有分布。

习性：多附生在低潮带石沼中的藻体上或岩石上。

大小：高 5~15cm。

藻体直立，分枝密集，圆柱形。藻体基部具匍匐茎状的盘形固着器，固着器上长有直立枝，其直径为 0.5~1.3mm。分枝多为对生、轮生，极少互生。枝基部收缩，枝端尖细，呈披针状，具有明显的不规则节和节间，节部明显缢缩。藻体紫红色，柔软，黏滑。四分孢子囊四面锥形分裂。囊果壶状，突出于藻体表面。

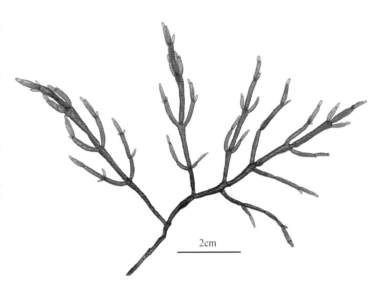

2cm

2cm

2cm

400μm

藻体部分小枝

54. 金膜藻 *Chrysymenia wrightii* (Harvey) Yamada

分类：红皮藻目 Rhodymeniales　红皮藻科 Rhodymeniaceae　金膜藻属 *Chrysymenia*

分布：大连市区、长海、瓦房店；山东、浙江。

习性：低潮带的石沼中或低潮线下 1m 左右的岩石上，常被大浪冲上岸。

大小：高 15~40cm。

藻体暗红色或紫红色，膜质，光滑。藻体呈圆柱状或不规则扁陷膜状，固着器盘状。藻体基部有一短柄，柄上有 2~3 个主枝，主枝明显，主枝向上逐渐宽广，形成不规则宽带状。在主枝的两侧生出许多互生、对生或不规则分枝，分枝上往往再分小枝，小枝细长，呈披针形，基部细，中部宽，上部渐尖细。四分孢子囊十字形分裂，散生。囊果半球形，突出于藻体表面。

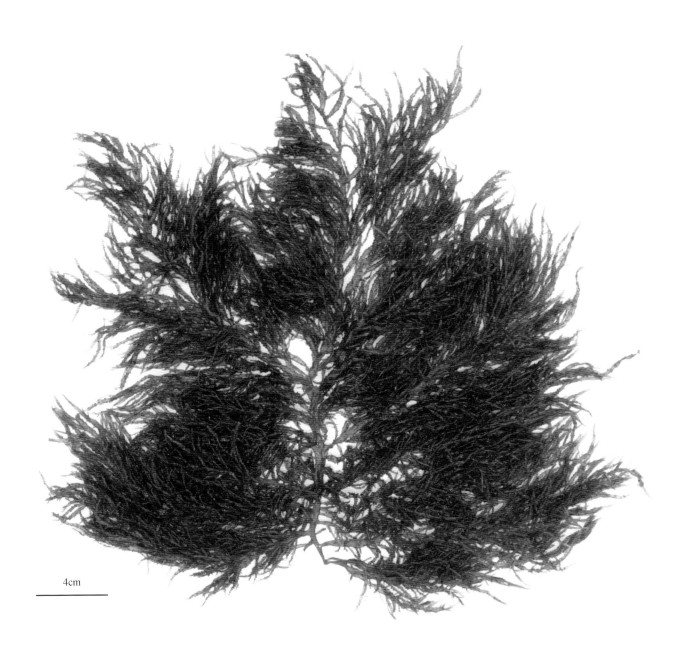

4cm

4cm

4cm

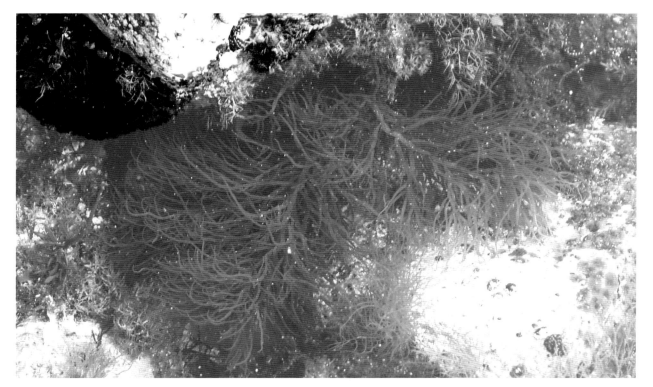

55. 具孔斯帕林藻 *Sparlingia pertusa* (Postels et Ruprecht) G. W. Saunders

分类：红皮藻目 Rhodymeniales 红皮藻科 Rhodymeniaceae 斯帕林藻属 *Sparlingia*

分布：大连市区、长海。

习性：生长在低潮带及潮下带的岩石上，常被大浪冲上岸。

大小：高 20~80cm，宽 7~25cm。

外来种。成熟藻体直立，呈红色或暗红褐色，二叉分枝 1~2 次，藻体分枝近椭圆形，圆盘形的固着器上长出圆柱状的柄，藻体幼体具细密小孔，成熟藻体具有不同大小的孔洞，孔洞边缘呈波浪，雌配子体和四分孢子体同型。

4cm

2cm

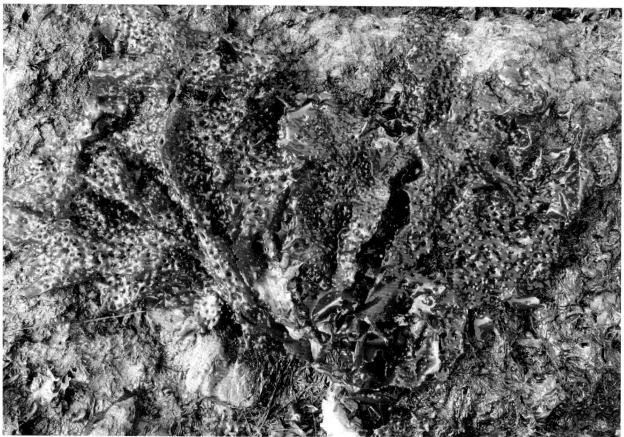

56. 对丝藻 *Antithamnion cruciatum* (C. Agardh) Naegeli

分类：仙菜目 Ceramiales　仙菜科 Ceramiaceae　对丝藻属 *Antithamnion*

分布：大连市区、长海；河北北戴河、山东青岛、浙江普陀山。

习性：生长于低潮线附近岩石上或其他海藻上。

大小：高 0.5~1.5cm。

藻体纤细，丝状，丛生，由单列细胞组成，暗玫瑰色。主轴分枝甚多，主轴上的侧枝无小枝对生，主轴和侧枝的细胞上部具交错对生的小枝，小枝展开。除基部细胞外，小枝的向轴面具篦状羽枝，小枝基部细胞近方形，第二个细胞稍长，第三至五个细胞最长，以后逐渐短小，顶端较尖细。藻体上部小枝较长，顶端分枝密集，小枝基部细胞常产生不定枝。主轴基部具发达假根，固着于基质。

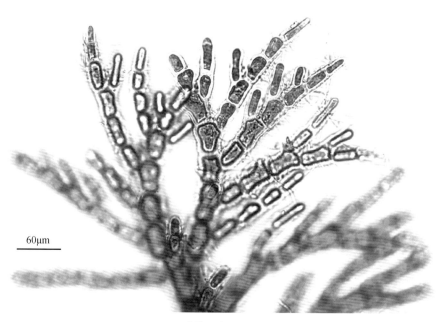

60μm

藻体顶端

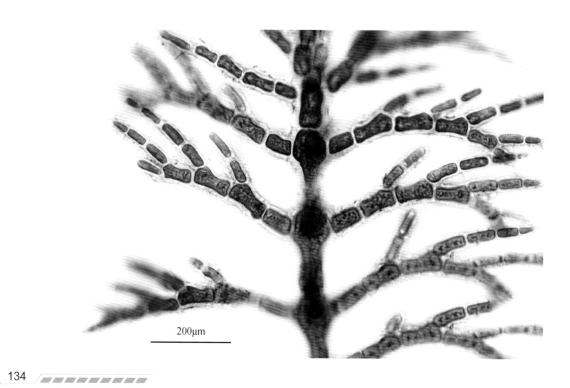

200μm

57. 绢丝藻 *Callithamnion corymbosum* (Smith) Lyngbye

分类: 仙菜目 Ceramiales　仙菜科 Ceramiaceae　绢丝藻属 *Callithamnion*

分布: 大连市区、长海; 河北北戴河、山东青岛。

习性: 生长于低潮带的岩石上或附生于其他藻体上。

大小: 高 1~4cm。

藻体鲜红色, 丝状直立, 很柔软, 黏滑, 丛生成簇。主枝由单列细胞组成, 具有很多分枝, 枝互生、叉状, 呈扇形。上部小枝重复叉状, 呈伞房形, 枝端钝圆, 往往生无色毛。

1cm

藻体部分小枝

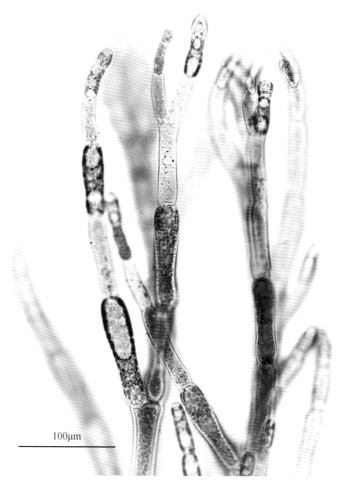

100μm

藻体上部

58. 钩凝菜 *Campylaephora hypnaeoides* J. Agardh

分类：仙菜目 Ceramiales　仙菜科 Ceramiaceae 凝菜属 *Campylaephora*

分布：大连市区；河北秦皇岛、山东烟台和青岛、浙江舟山。

习性：生长于低潮带岩石上或缠绕在其他藻体上。

大小：高 10~20cm。

藻体暗红色或略带黄色，初期藻体软，膜质，后逐渐变硬，为软骨质。固着器小，圆锥状盘形。分枝圆柱形，数次叉状分枝末端多少呈钳状，一些顶端常常弯曲成肥厚的镰刀形钩，用以缠绕在其他藻体上。藻体分节，皮层较厚。四分孢子囊散布在钩状部分的皮层细胞间，四面锥形分裂。囊果球形，生于小枝的顶端，常有 4~6 条苞片围绕。

2cm

1cm

仙菜属 *Ceramium* 分种检索表

1. 中轴细胞裸露，从表面可见 …………………………………………… 柔质仙菜 *C. tenerrimum*

1. 中轴细胞一般由皮层覆盖，从表面看不易见 ………………………………………………… 2

　2. 藻体羽状或不规则地向各方向分枝 ………………………… 日本仙菜 *C. japomcum*

　2. 藻体叉状或不规则叉状分枝 ……………………………………………………………… 3

3. 藻体下部枝杂乱错综，较细软，老枝轮生短枝 ……………………… 波登仙菜 *C. boydenii*

3. 藻体直立，不杂乱错综，粗壮，无轮生短枝 ……………………… 三叉仙菜 *C. kondoi*

600μm

藻体上部小枝

59. 波登仙菜 *Ceramium boydenii* Gepp

分类：仙菜目 Ceramiales　仙菜科 Ceramiaceae　仙菜属 *Ceramium*

分布：大连市区、长海；黄海、渤海及东海沿岸均有生长。

习性：低潮带的石沼中或附生于其他藻体上。

大小：高 5~30cm。

藻体紫红色，较细软，下部杂乱错综。幼期有较规则的二叉分枝，老体不规则，枝上常轮生很多小枝。成熟的小枝上常丛生着根丝，以致互相黏附造成错综情况。小枝对生或不规则分枝，顶端钳形。全部藻体被有皮层。四分孢子囊轮生于小枝上，有时也能生于上部分枝顶端。

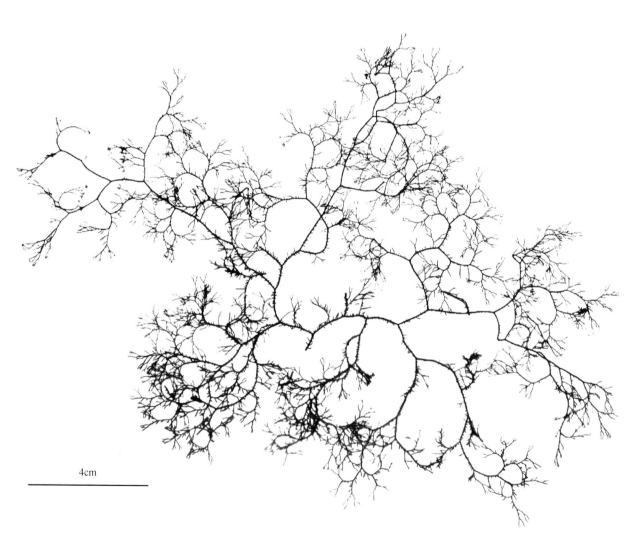

4cm

60. 日本仙菜 *Ceramium japomcum* Okamura

100μm

分类：仙菜目 Ceramiales　仙菜科 Ceramiaceae　仙菜属 *Ceramium*

分布：大连市区、长海；我国沿海均有分布。

习性：生长于低潮带的岩石上或附生于其他藻体上。

大小：高 8~25cm。

藻体深红色、紫红色。固着器圆锥盘状。藻体直立，丛生，圆柱状，枝不规则地向各方向展开，复羽状互生。上部多分枝，呈伞房状，枝细而短尖，小枝密生，枝端直立，无钩状屈曲。单轴型。藻体全被有皮层细胞。四分孢子囊在皮层下。囊果着生于小枝侧部，无柄。

3cm

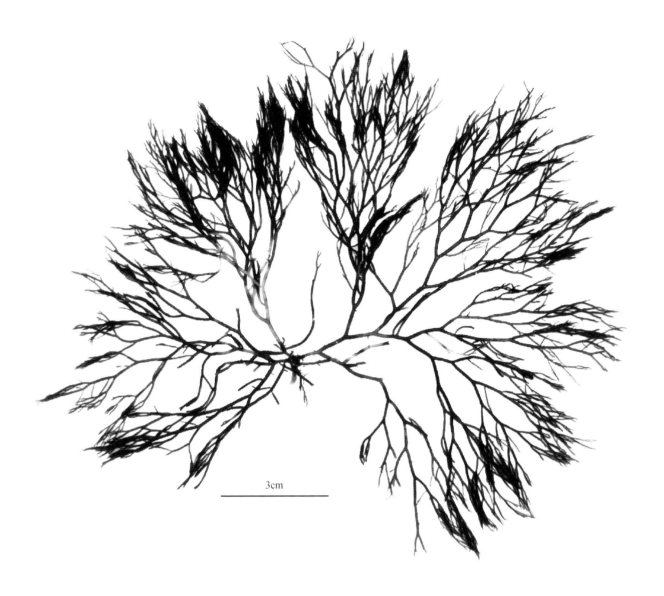

3cm

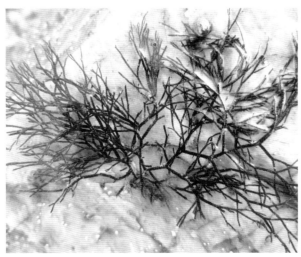

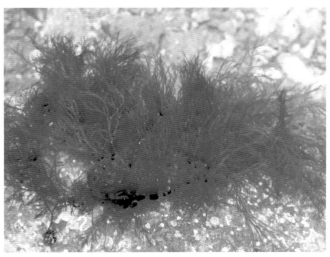

3cm

61. 三叉仙菜 *Ceramium kondoi* **Yendo**

分类：仙菜目 Ceramiales　仙菜科 Ceramiaceae　仙菜属 *Ceramium*

分布：大连市区、长海、瓦房店；我国沿海各海域。

习性：中、低潮带的岩石上，石沼中或其他大型藻体上。

大小：高 5~30cm。

藻体紫红色或略带黄色，较粗壮，直立，丛生，分枝繁茂，二叉、三叉或四叉式分枝，外形变异很大，小育枝有的很多，有的全无，分枝顶端为钳状或伸直。藻体有节，但不十分明显。整个藻体的中轴被皮层的小细胞覆盖。四分孢子囊规则或不规则地环绕排列于枝上。囊果生于许多小苞枝之中，顶生或侧生。

2cm

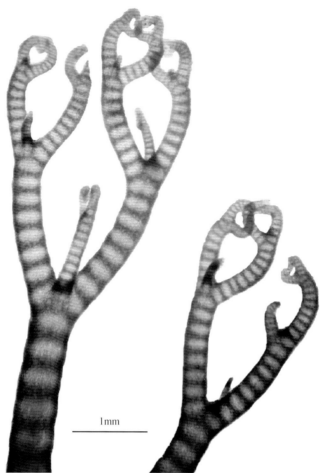

1mm

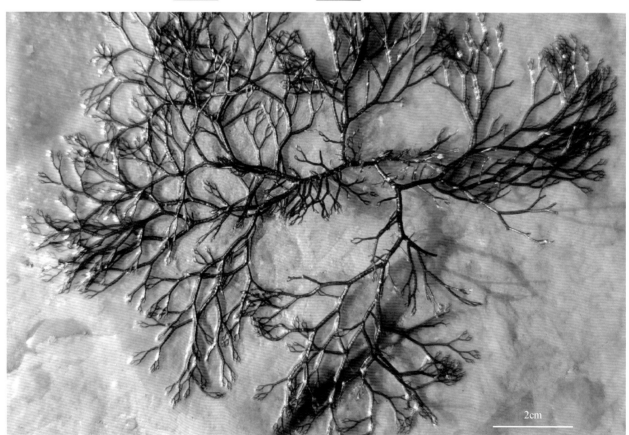

2cm

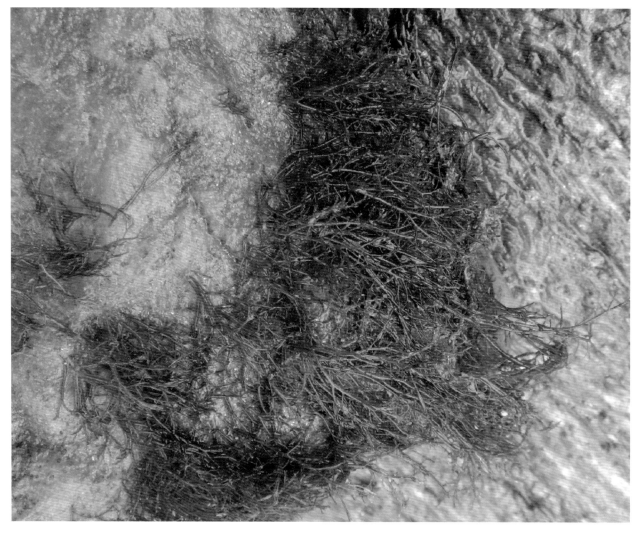

62. 柔质仙菜 *Ceramium tenerrimum* (Martens) Okamura

分类：仙菜目 Ceramiales　仙菜科 Ceramiaceae　仙菜属 *Ceramium*

分布：大连市区；我国沿海各海域。

习性：生于高、中潮带的石沼或其他大型海藻体上。

大小：高 2~6cm。

藻体淡红色，密集丛生，呈球状的团块。复叉状分枝，枝很纤细，软弱，下部分枝距离远，上方较近，顶端叉状分枝向内弯曲成钳形，并生无色毛，藻体分节，节间下部长，上部短，一般长为粗的 5~10 倍。节上往往伸出丝状假根，节间无皮层细胞，体下部节稍隆起，节周围有小而多的皮层细胞。中轴细胞裸露，从表面可见。

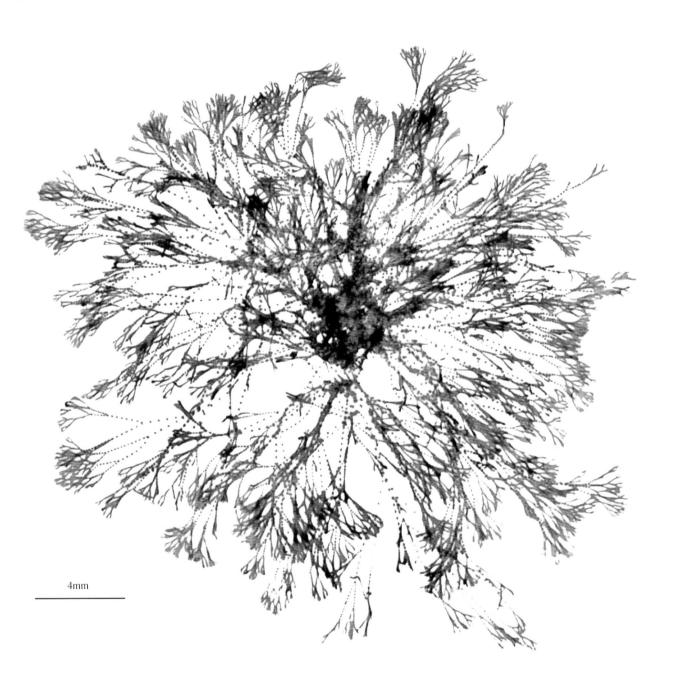

4mm

63. 齿边爬软藻 *Herpochondria dentata* (Okamura) Itono

分类：仙菜目 Ceramiales　仙菜科 Ceramiaceae　爬软藻属 *Herpochondria*

分布：大连市区、长海。

习性：生于低潮带岩石上或附生于其他藻体上。

大小：高 2~10cm。

藻体红色，线状扁平，革质。从体下部伸出单管状的假根，附着在其他的海藻上。上部枝斜或直立。幼时几乎全部匍匐，后渐渐直立，成体有明显的主枝及数回叉状或羽状分枝，小枝端部叉状，下部枝比上部枝长，枝腋角广开，枝两侧具有明显的齿状小枝。

1cm

150μm

部分小枝

2cm

64. 扁丝藻 *Platythamnion yezoense* (Inagaki) Athanasiadis et Kraft

分类：仙菜目 Ceramiales　　仙菜科 Ceramiaceae　　扁丝藻属 *Platythamnion*

分布：大连市区；河北秦皇岛、山东青岛。

习性：生于低潮带至潮下带岩石上或附生于其他藻体上。

大小：高 2~5cm。

藻体红紫色，丝状。基部以假根固着于基质，直立部二叉分枝，呈两列式，无皮层，每一主轴细胞的上部轮生 4 个分枝，由两个对生的长枝和两个对生的短枝组成，长枝生有次生小枝，并常再分枝，短枝上具短的小枝，分枝及小枝顶端针状。

2cm

100μm

60μm

部分藻体　　　　　　　　　　　　　　　　　　小枝顶部

65. 绒线藻 *Dasya villosa* Harvey

分类：仙菜目 Ceramiales 绒线藻科 Dasyaceae 绒线藻属 *Dasya*

分布：大连市区、长海；河北秦皇岛，山东烟台、威海、青岛，浙江普陀山。

习性：生于低潮带至潮下带岩石上或附生于其他藻体上。

大小：高 10~20cm。

藻体深红色或鲜红色，直立，丛生，主干圆柱形，分枝 3~4 次，逐渐变细，主干和分枝上均密生单列细胞毛状枝，呈红绒线状。单轴型。中央为 1 个中轴细胞和 5 个围轴细胞，最外部为小的皮层多细胞。

2cm

5cm

2cm

小枝上部

66. 日本异管藻 *Heterosiphonia japonica* Yendo

分类：仙菜目 Ceramiales　绒线藻科 Dasyaceae　异管藻属 *Heterosiphonia*

分布：大连市区、长海；河北秦皇岛，山东烟台、威海、青岛，浙江普陀山。

习性：生于低潮带的石沼中或潮下带的岩石上。

大小：高 10~20cm。

藻体直立,玫瑰红色。固着器圆盘状,上生小柄,靠近基部分生出数条主枝,在主枝上有3~4次羽状分枝,分枝对生或互生,羽状小枝上部有1~2次叉状分枝,分枝细长,向上逐渐变细。四分孢子囊为四面锥形分裂,生于孢子囊枝上。精子囊生于特殊精子囊枝上,精子囊枝生在小羽枝或分枝顶端。囊果球形或卵形,具短柄,顶端稍突起, 开孔, 单生于侧枝顶端。

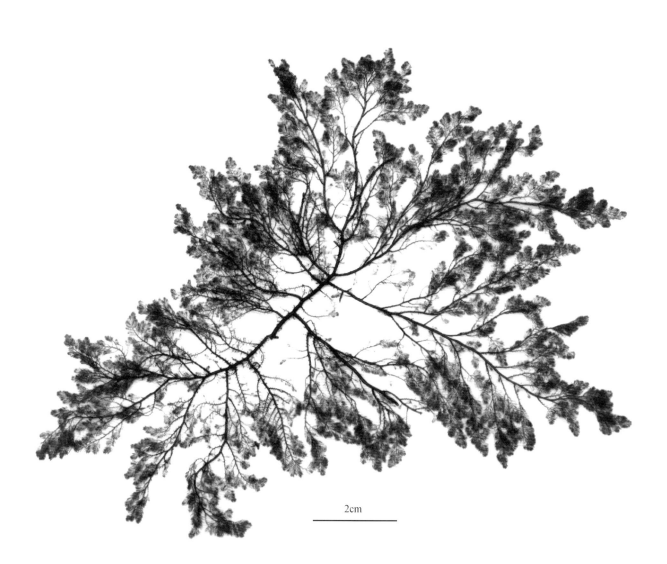

2cm

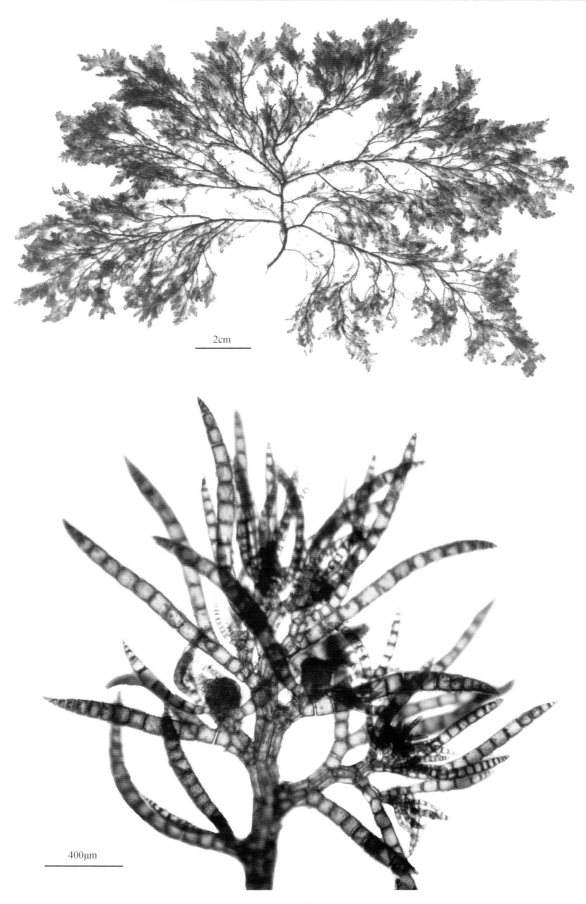

2cm

400μm

小枝顶端

67. 顶群藻 *Acrosorium yendoi* Yamada

分类：仙菜目 Ceramiales　红叶藻科 Delesseriaceae　顶群藻属 *Acrosorium*

分布：大连市区、长海、瓦房店；山东、福建、广东、香港。

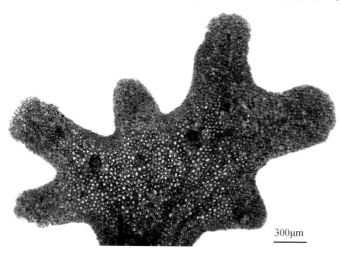

小枝顶端表面观

习性：生长在低潮线附近的岩礁上或附生在其他藻体上。

大小：高 2~5cm。

藻体鲜红色，叶状膜质，不规则叉状分枝，分枝宽广蔓延或呈团块，枝端钝方形，边缘全缘，藻体往往由里面伸出许多根状突起，匍匐于其他海藻上，大部分分枝游离生长。藻体上无中肋但有纵走非网状细脉。藻体除边缘为 1 层细胞外，一般由 3~6 层方细胞组成，中央细胞大而无色，边缘细胞小，含有色素体。四分孢子囊群卵形，生于藻体边缘或顶端，呈斑状。

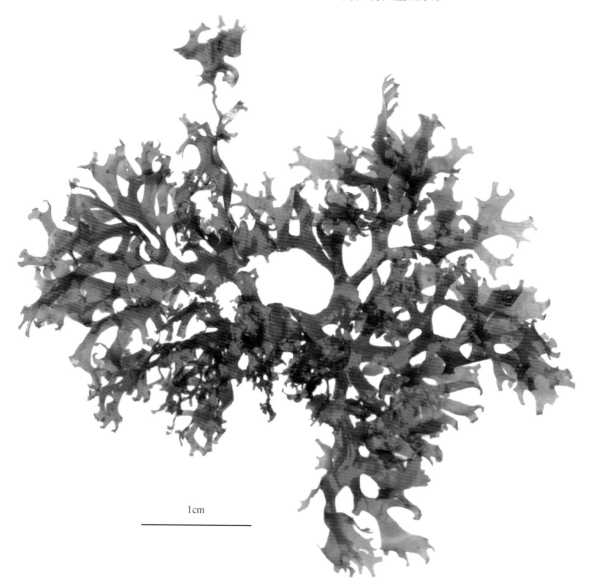

1cm

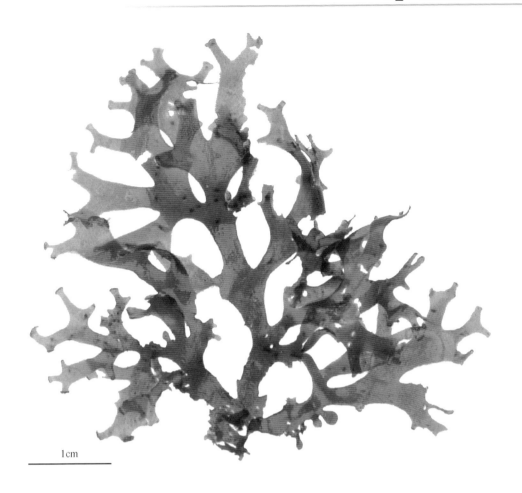

1cm

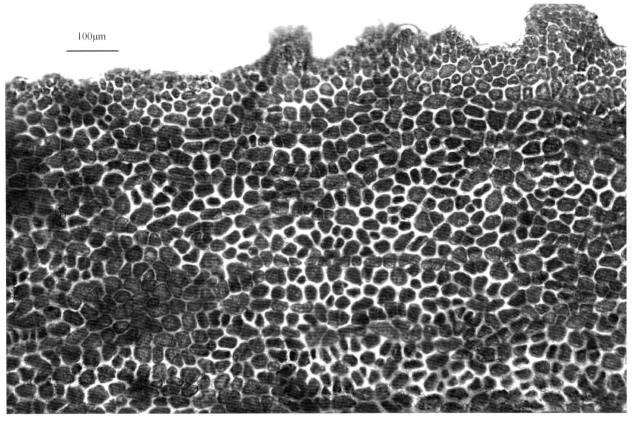

100μm

部分枝表面观

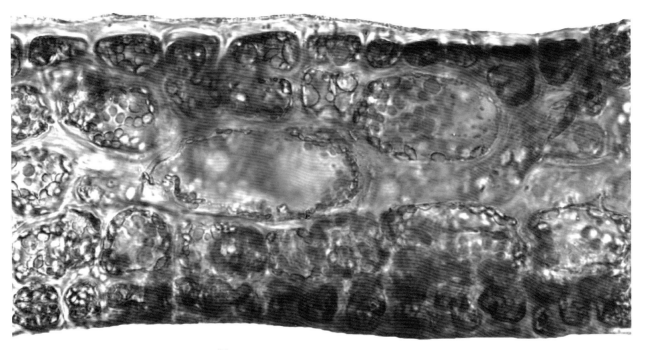

20μm

小枝横切面

68. 牛岛薄膜藻 *Haraldiophyllum udoense* M. S. Kim et J. C. Kang

2cm

分类：仙菜目 Ceramiales 红叶藻科 Delesseriaceae 薄膜藻属 *Haraldiophyllum*

分布：大连市区、长海。

习性：生长在中、低潮带或潮下带的礁石上。

大小：高 7~30cm，宽 6~25cm。

外来种。藻体直立，暗红色或红褐色；叶片状，薄膜质，叶片全缘，浅裂或深裂，一至多个宽线形、卵形或倒卵形叶片；基部具圆柱形短柄，长 2~3cm，厚约 1mm，固着器圆盘状，无中脉和显微细脉。皮层细胞呈多角边形，藻体除基部和生殖结构外均为单层细胞。

2cm

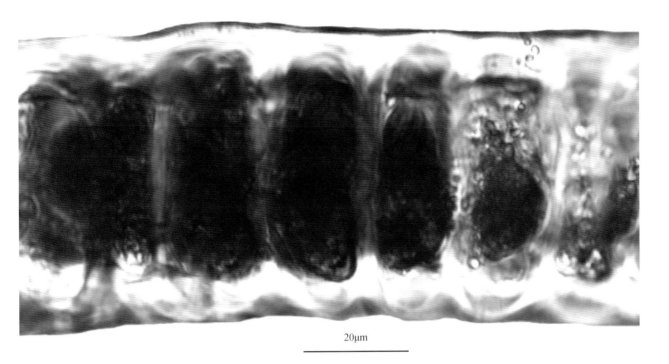

20μm

叶片切面观

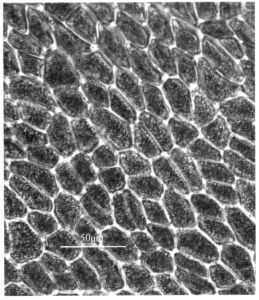

叶片表面观

69. 橡叶藻 *Phycodrys radicosa* (Okamura) Yamada et Inagaki

分类：仙菜目 Ceramiales　红叶藻科 Delesseriaceae　橡叶藻属 *Phycodrys*

分布：大连市内、长海、瓦房店；山东、浙江。

习性：生于低潮带的岩石上或附生在珊瑚藻上。

大小：高 1~5cm。

藻体鲜紫红色，叶状膜质，披针形、卵形或椭圆形。固着器盘状。藻体边缘有疏锯齿，老期由锯齿处生出新的叶片。叶片有明显中肋，侧脉对生，除中肋及叶脉处，叶片均由一层细胞组成。四分孢子囊群为圆形或椭圆形，生于叶边缘近小叶脉处，锥形分裂。

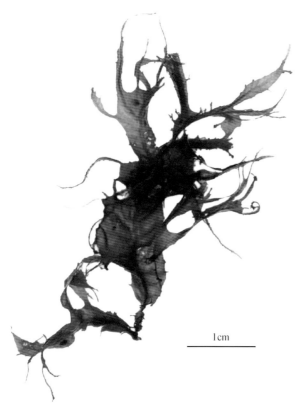

1cm

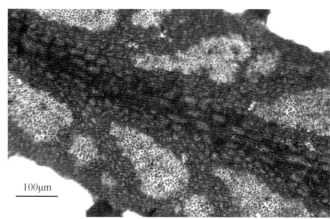

100μm

部分藻体表面观

6mm

1cm

70. 曾氏刺边藻 *Tsengiella spinulosa* Zhang et Xia

分类：仙菜目 Ceramiales　红叶藻科 Delesseriaceae　刺边藻属 *Tsengiella*

分布：大连市区、长海；山东青岛。

习性：生长在低潮带至潮下线的岩石上。

大小：高 5~15cm。

藻体玫瑰红或红色、丛生、体扁压、中肋明显、无侧脉。数回羽状或叉状互生分枝，分枝两缘有许多细小齿状裂片。四分孢子囊生于藻体的上部和中部，囊果只见于藻体分叉处基部。

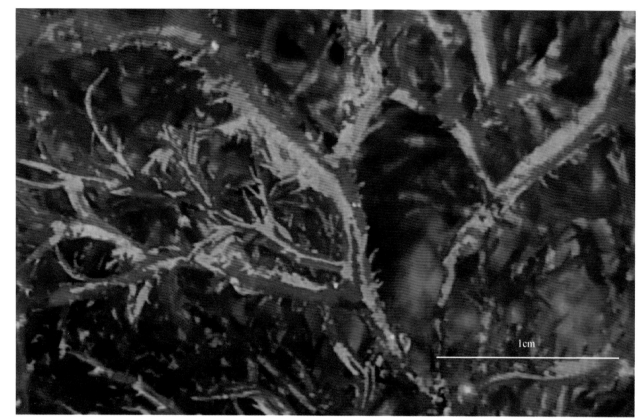

藻体部分放大

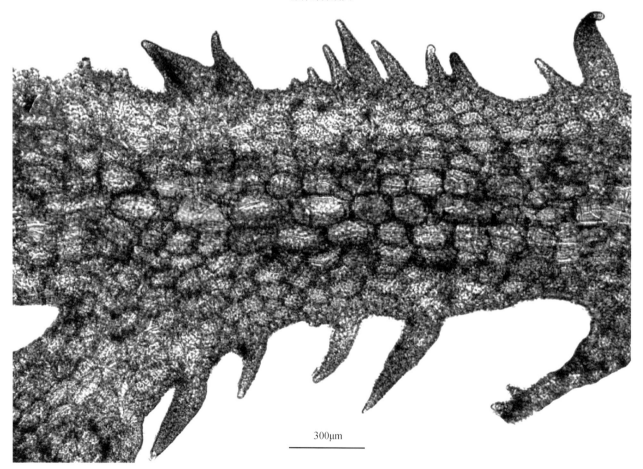

300μm

小枝的一部分

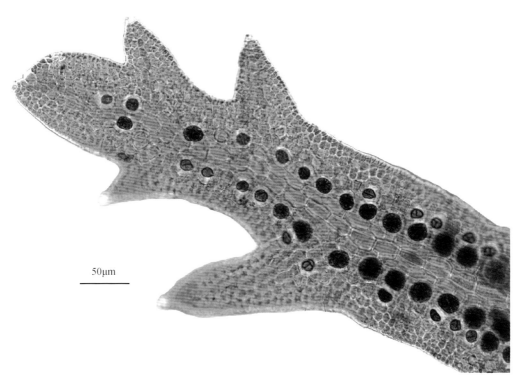

四分孢子体的一部分

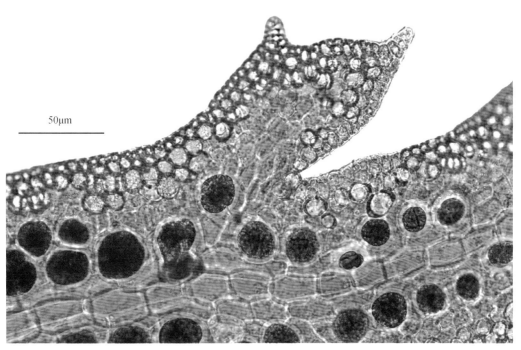

四分孢子体的一部分

软骨藻属 *Chondria* 分种检索表

小枝棍棒状···丛枝软骨藻 *C. dasyphylla*

小枝非棍棒状··细枝软骨藻 *C. tenuissima*

71. 丛枝软骨藻 *Chondria dasyphylla* (Woodward) C. Agardh

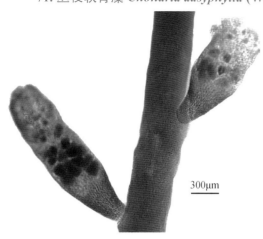

300μm

四分孢子囊小枝

分类：仙菜目 Ceramiales　松节藻科 Rhodomelaceae 软骨藻属 *Chondria*

分布：大连市区；山东、河北、浙江、福建。

习性：生长于低潮带的石沼中或大干潮线下 1m 左右平静的内湾中。生长于夏季。

大小：高 7~20cm。

藻体紫红色，常常带黄绿色，丛生。固着器壳状。整个外形呈塔形，分枝不规则，多次互生或侧生，圆柱形，主轴径 1~1.5mm，分枝渐细（0.4~1mm），小枝短，棍棒状，一般长 3~6mm，末位小枝长 1~3mm，枝基部明显缢缩，末端平或中部稍凹陷，上面有生长点和毛丝状体。

2cm

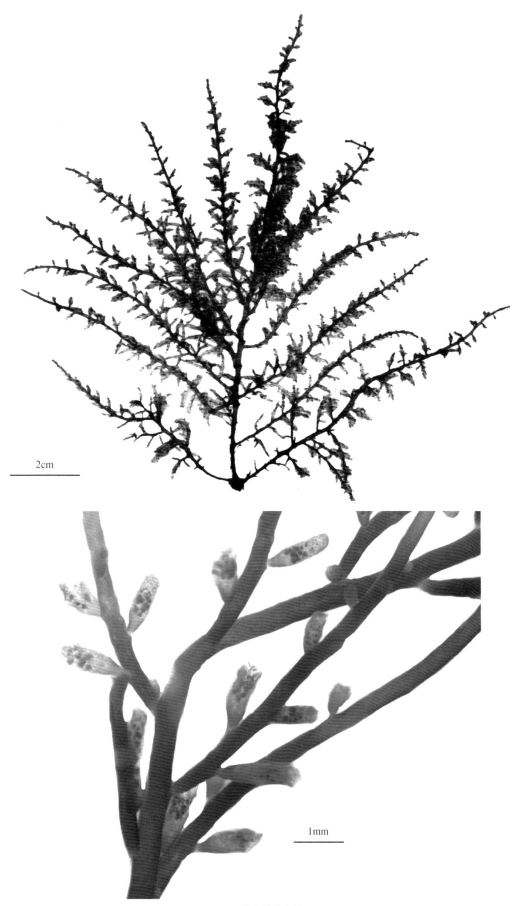

四分孢子囊小枝

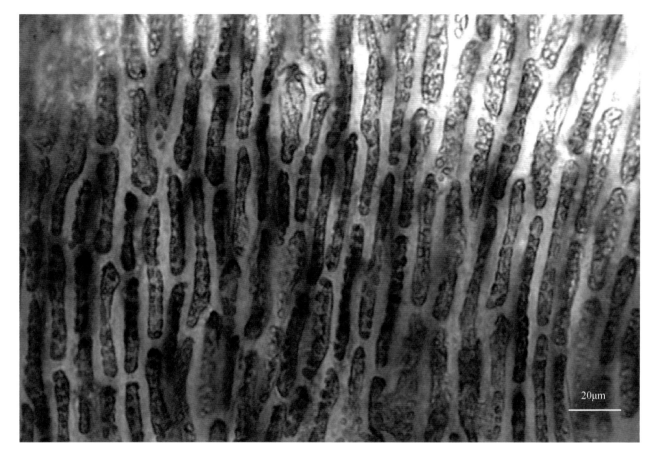

藻体表面观

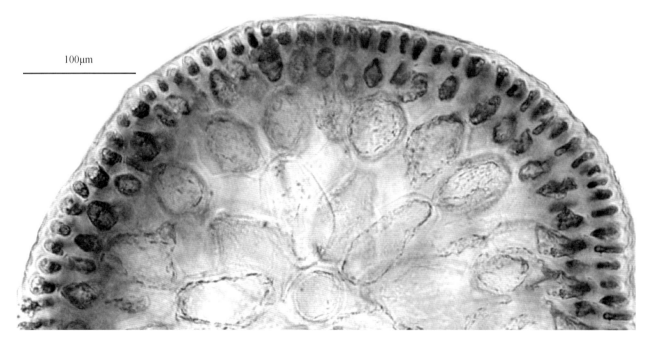

部分藻体横切面

72. 细枝软骨藻 *Chondria tenuissima* (Withering) C. Agardh

分类：仙菜目 Ceramiales　松节藻科 Rhodomelaceae　软骨藻属 *Chondria*

分布：大连市区；山东、河北、浙江。

习性：生长在低潮带的岩石上或浅水坑中。

大小：高 10~25cm。

藻体浅黄褐色或暗紫色，软骨质，直立，灌木状，具有盘状固着器，枝多少缠结在一起，具匍匐茎。主轴单一或具几个相似的主枝，主枝粗糙、坚固、节片少的部分柔软。末枝纺锤状，朝两端渐尖，顶端尖，簇生的毛丝状体明显。中轴细胞1个，较小，围轴细胞5个，较大，皮层细胞大而疏松，表面细胞小，1或2层。

3cm

3cm

73. 菜花藻 *Janczewskia ramiformis* C. F. Chang et B. M. Xia

分类：仙菜目 Ceramiales　松节藻科 Rhodomelaceae　菜花藻属 *Janczewskia*

分布：辽宁大连；山东青岛。本种为我国特有种。

习性：寄生在中、低潮带石沼中生长的凹顶藻藻体上。

大小：高 3~10mm。

藻体紫褐色，为较小的中实瘤状体和覆盖在其上面的游离枝组成的不规则形状团块，寄生在凹顶藻藻体的任何部位，每一个游离枝的上部又产生 2~5 个小枝，生殖器官主要生长在这些小枝上；藻体利用根丝穿入寄主的细胞间隙；这种藻类的寄生常使寄主的枝体变弯，甚至折成直角。

2cm

红色圆圈中为附生的菜花藻

凹顶藻属 *Laurencia* 分种检索表

1. 藻体髓细胞壁不存在透镜增厚 ·· 齐藤凹顶藻 *L. saitoi*
1. 藻体髓细胞壁存在透镜增厚 ·· 2
   2. 分枝端部的表皮细胞突起 ·························· 俄氏凹顶藻 *L. omaezakiana*
   2. 分枝端部的表皮细胞不突出 ·· 3
3. 仅在分枝点处存在稀少的透镜加厚 ·································· 复生凹顶藻 *L. composita*
3. 存在丰富的透镜加厚 ··· 4
   4. 分枝三列 ·· 冈村凹顶藻 *L. okamurai*
   4. 分枝非三列 ·· 日本凹顶藻 *L. nipponica*

74. 复生凹顶藻 *Laurencia composita* Yamada

分类：仙菜目 Ceramiales　松节藻科 Rhodomelaceae　凹顶藻属 *Laurencia*

分布：大连长海。

习性：生长在潮间带的中上部或潮下带固着于岩石上，与海带混生。

大小：高 15~25cm。

藻体直立，丛生，基部具有匍匐枝。黑紫色，柔软。主轴明显及顶，圆柱状，直径 1~1.6mm，不规则地复羽状分枝。第一级枝比较长，一般约为 8cm，次级枝短，从主轴的各个方向产生，小枝是放射状排列，长约为 1cm，一般互生，也对生。第一级分枝产生达 4 级的短分枝。在主轴和第一级分枝上产生许多附生小枝。此类小枝多数是简单的、产生可育的繁殖结构。藻体髓细胞壁仅在分枝点处存在稀少的透镜加厚。

2mm

3cm

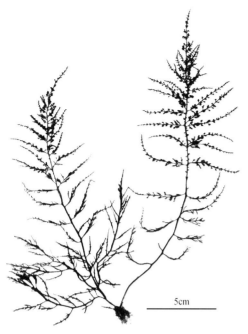

5cm

75. 日本凹顶藻 *Laurencia nipponica* Yamada

分类：仙菜目 Ceramiales　　松节藻科 Rhodomelaceae
凹顶藻属 *Laurencia*

分布：大连长海、旅顺；从北至南沿海都有分布。

习性：生长在潮间带下部和潮下带上部的岩石上。

大小：高 30~40cm。

藻体直立，褐红或紫红色，骨质稍软。具有几个直立轴，直立轴下部丛生着相互缠结的假根状分枝。直立轴圆柱状，及顶，直径为 1.5~3.4mm，有时有许多短的附生小枝。分枝不规则互生、亚对生或亚轮生，分枝直径为 700~1200μm。末小枝棒状至圆柱状，直径 0.2~0.4mm，端部截形或圆形。

5cm

76. 冈村凹顶藻 *Laurencia okamurai* Yamada

分类：仙菜目 Ceramiales　松节藻科 Rhodomelaceae　凹顶藻属 *Laurencia*

分布：大连旅顺、长海；中国沿海岸都有分布。

习性：生长在中潮带至低潮带的岩石上。

大小：高 10~20cm，可达 40cm。

　　藻体直立，一般紫绿色，有时黑紫色，肉质至软骨质，不硬，具有几个直立主枝，直立主枝下部浓密地丛生缠结的基部分枝。直立主枝圆柱状，直径为 1.0~2.5mm，圆锥状分枝。分枝互生、对生或轮生。各级分枝呈三列状，有时不连续。

5cm

77. 俄氏凹顶藻 *Laurencia omaezakiana* Masuda

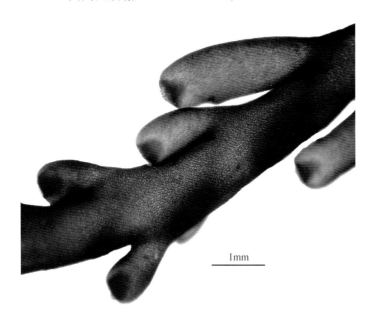

1mm

分类：仙菜目 Ceramiales 松节藻科 Rhodomelaceae 凹顶藻属 *Laurencia*

分布：大连长海；中国自北到南的沿海岸都有分布。

习性：生长在潮间带中上部的岩石上。

大小：高 5~15cm。

藻体黑红色，软骨质，丛生，具小盘状固着器及匍匐分枝。每个藻体有一个及顶主枝，主枝圆柱状，向上逐渐变成扁压，然后向上再逐渐变成圆柱状。第一级分枝在主枝扁压处二歧（常亚对生），在圆柱状部分不规则地螺旋分枝，而在主枝上部的分枝多歧。分枝可达 6 级。分枝端部的表皮细胞突起。

3cm

78. 齐藤凹顶藻 *Laurencia saitoi* Perestenko

分类：仙菜目 Ceramiales　松节藻科 Rhodomelaceae　凹顶藻属 *Laurencia*

分布：大连长海、旅顺；中国自北到南的沿海都有分布。

习性：生长在潮间带中上部的岩石上。

大小：高 7~13cm。

藻体直立，丛生，紫褐色至黑紫红色，柔软肉质，通过一个盘状固着器附着于基质上。固着器直径为 3~10mm，从其上产生许多直立主枝。藻体圆柱状或亚圆柱状，具有及顶的主枝。主枝的近基部较细，中下部较粗，向上逐渐变得更纤细。第一级分枝，互生或轮生。分枝达 4~5 级。末端小枝长短不一，直径为 0.2~0.4mm，成熟时产生繁殖结构。

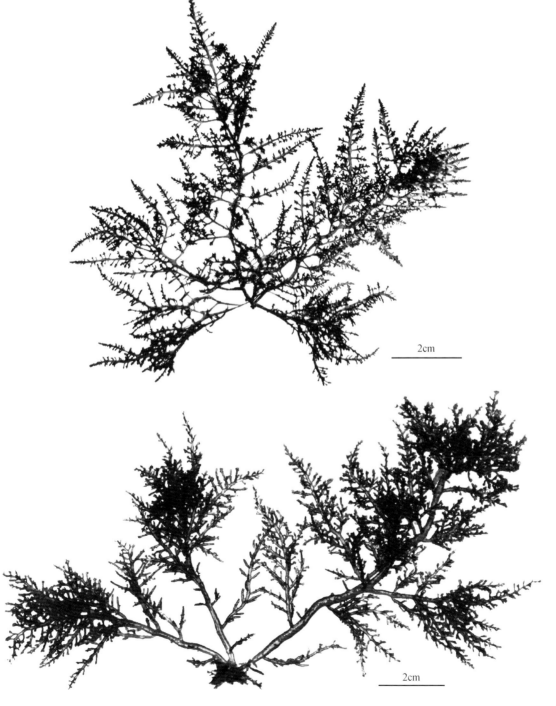

79. 新松节藻 *Neorhodomela munita* (Perestenko) Masuda

200μm

部分藻体上部表面观

分类：仙菜目 Ceramiales　松节藻科 Rhodomelaceae　新松节藻属 *Neorhodomela*

分布：广泛分布于大连海域；山东。

习性：生于潮间带的岩石上或石沼中。

大小：高 14~20cm。

藻体暗或淡黄褐色，干后变黑色，丛生，幼嫩部分质体软，老的部分变坚硬。固着器盘状，上着生数个主干，每个主干上有 3~4 次羽状分枝，均为圆柱形，藻体中部分枝疏，顶端小枝密集，螺旋形排列，呈伞房形向内弯曲。枝端生有透明分枝的毛丝状体。四分孢子囊成熟时为瘤状隆起，着生于小枝腋下。精子囊椭圆形，生于小枝的侧面，夏季成熟。囊果卵圆形，着生于小枝侧面。

3cm

80. 日本新管藻 *Neosiphonia japonica* (Harvey) Kim et Lee

分类： 仙菜目 Ceramiales　松节藻科 Rhodomelaceae　新管藻属 *Neosiphonia*

分布： 大连市区；黄海、渤海、东海、南海均有分布。

习性： 附生于中、低潮带的大型海藻或养殖架上。

大小： 高 5~12cm。

藻体单生或少数聚生，褐红色，幼体黏滑，成体稍硬。植株外形常呈半球状，基部盘状固着器周围丛生假根。藻体圆柱形，分枝多，多为不规则多回或二叉状，末位及次末位小枝常聚集成长笔头状或卵披针状。小枝先端常一叉呈钻形，先端急尖，另一叉略细，先端内弯。

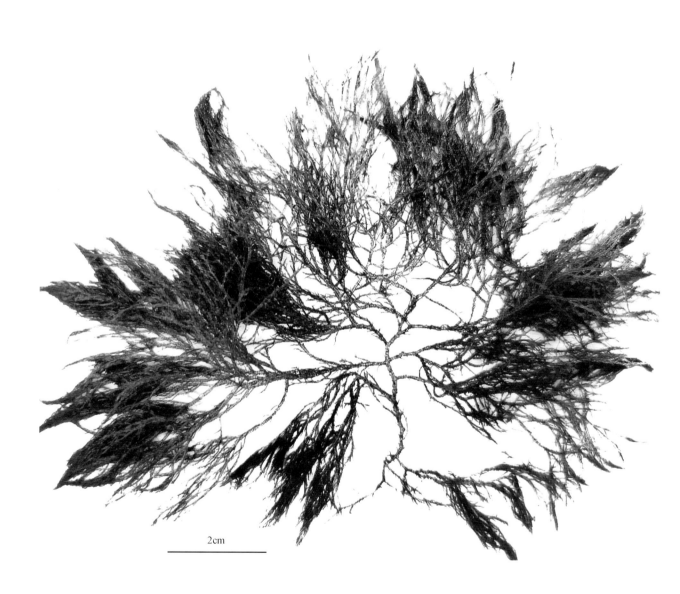

2cm

300μm

部分小枝

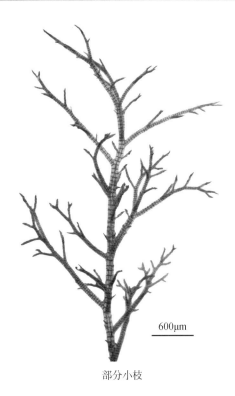

600μm

部分小枝

2cm

栅凹藻属 *Palisada* 分种检索表

藻体较硬，囊果卵形，干燥后不易附着于纸上·······················异枝栅凹藻 *P. intermedia*

藻体不硬，囊果长瓶颈形，干燥后易于附着于纸上··················头状栅凹藻 *P. capituliformis*

81. 头状栅凹藻 *Palisada capituliformis* (Yamada) Nam

分类：仙菜目 Ceramiales　松节藻科 Rhodomelaceae　栅凹藻属 *Palisada*

分布：大连长海、旅顺、瓦房店；山东。

习性：生长在潮间带岩石上和石沼中。

大小：高 5~15cm。

藻体直立，丛生，存在匍匐基部分枝，以盘状基部附着于基质上，一般紫红色，有时褐黄色，软骨质，不硬，干燥后易于附着于纸上。直立主枝圆柱状，直径为 1.0~2.5mm，圆锥状分枝。分枝互生，对生，或亚轮生。雄植株的末小枝端部特征性粗大，产生 1~3 个或多个精子囊凹陷；雌植株的末小枝不育时为圆柱状，随着囊果的发育而变成柱状。成熟囊果圆锥形，位于小枝的上侧表面，具有明显突出的喙。

82. 异枝栅凹藻 *Palisada intermedia* (Yamada) Nam

分类：仙菜目 Ceramiales　松节藻科 Rhodomelaceae　栅凹藻属 *Palisada*

分布：大连旅顺、长海；山东青岛。

习性：生长在潮间带下部和潮下带上部的岩石上。

大小：高 10~20cm。

藻体直立，圆柱状，丛生基部由稍缠绕的匍匐分枝组成，具有固着器和假根，其上产生几个直立主枝，但常有一个及顶主枝。一般黑紫色，干燥后变成黑色。藻体软骨质，较硬，干燥后不易附着于纸上。主枝圆柱状，各个方向上产生圆锥花序状分枝，不及顶时分裂一至多次。分枝对生、亚轮生或互生，分枝直径为 1~2mm。末小枝棒状。囊果卵形。

2cm

2cm

2cm

2mm

部分小枝

多管藻属 *Polysiphonia* 分种检索表

直立枝茎在 500μm 以上 ··· 丛托多管藻 *P. morrowii*

直立枝茎在 400μm 以下 ··· 多管藻 *P. senticulosa*

83. 丛托多管藻 *Polysiphonia morrowii* Harvey

分类：仙菜目 Ceramiales　松节藻科 Rhodomelaceae　多管藻属 *Polysiphonia*

分布：大连市区、长海；山东。

习性：低潮带的岩石上或石沼中。

大小：高 5~30cm。

藻体暗红色，丛生，直立，基部具匍匐枝，匍匐枝及上部枝均具枝间串联的假根。直立枝茎在500μm 以上，下部叉状或互生分枝，分枝稀疏，有的枝外弯钩状，上部小枝互生，复羽状排列，末位枝极短，使上部羽状枝外廓如细线状。

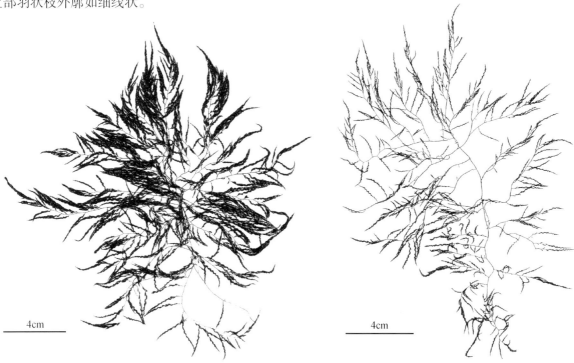

4cm

4cm

84. 多管藻 *Polysiphonia senticulosa* **Harvey**

分类：仙菜目 Ceramiales　松节藻科 Rhodomelaceae　多管藻属 *Polysiphonia*

分布：大连市区、长海、瓦房店；山东、浙江。

习性：低潮带的岩石上或其他基质上。

大小：高 5~25cm。

藻体鲜红色或暗红色，丝状，直立，密集丛生。基部匍匐枝错综生长，下生单细胞的假根，上生直立藻丝，直立枝茎在 400μm 以下。直立部主轴分枝不多，叉状羽状或互生，分枝上有短棒状的小枝，有的弯曲。四分孢子囊生于小枝上，数个或十几个纵列成串。精子囊枝为圆柱状，具短柄，顶端延长成无色毛。囊果为烧瓶状，具短柄，宽颈，大口。

2cm

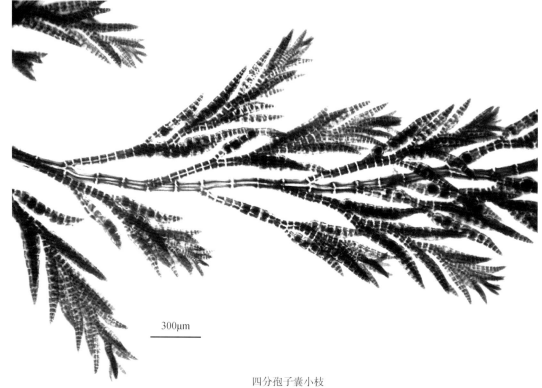

300μm

四分孢子囊小枝

300μm

囊果小枝

鸭毛藻属 *Symphyocladia* 分种检索表

藻体直立，羽状分枝·· 鸭毛藻 *S. latiuscula*

藻体匍匐，不规则羽状分枝····································· 苔状鸭毛藻 *S. marchantioides*

85. 鸭毛藻 *Symphyocladia latiuscula* (Harvey) Yamada

分类：仙菜目 Ceramiales　松节藻科 Rhodomelaceae　鸭毛藻属 *Symphyocladia*

分布：我国黄海、渤海均有分布。

习性：低潮带岩石上或石沼中。

大小：高 5~15cm。

藻体紫褐色，丛生。固着器为纤维状的假根。藻体基部生有数条主枝，枝扁压。主枝两缘互生有羽状或叉状分枝，分枝 3~5 次，下部羽状小枝长，上部小枝短，形如鸭毛。末位羽枝线形，幼时上部稍向内弯曲，顶端细尖。在主枝的下部两侧也生出很多细小针状羽枝，顶端尖细，或次生小的毛状枝。四分孢子囊集生于上部小短羽枝上，锥形分裂。囊果卵形。

鸭毛藻小枝

四分孢子囊小枝

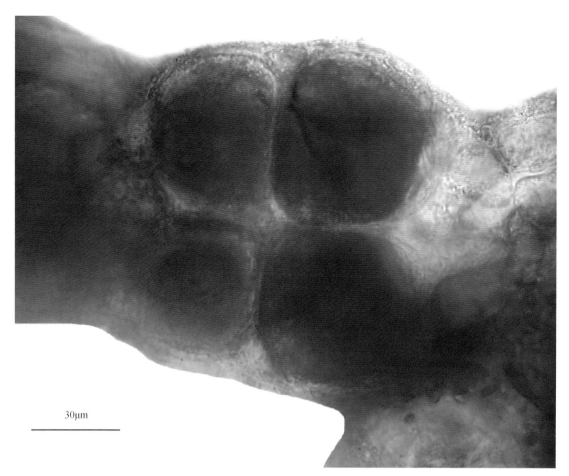

四分孢子囊

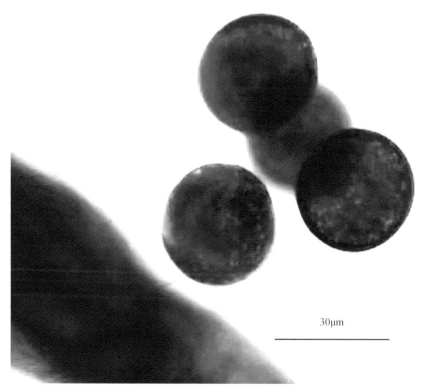

四分孢子

86. 苔状鸭毛藻 *Symphyocladia marchantioides* (Harvey) Falkenberg

分类：仙菜目 Ceramiales　松节藻科 Rhodomelaceae　鸭毛藻属 *Symphyocladia*

分布：大连瓦房店；山东、浙江。

习性：生于大干潮线附近岩石上，或附生在其他藻体上。

大小：高 3~6cm。

藻体紫褐色，薄膜质，直立或平卧，呈薄的扁平叶状，形态变异很大，宽的裂片 3~5mm 宽，窄的
1~2mm 宽，体下部稍细，基部具有匍匐茎状假根，固着于基质上；不规则羽状分枝，节片椭圆形或卵圆形，
边缘生有不规则锯齿，并生出 1 或 2 次小裂片，其边缘也生有锯齿；藻体成长后，体下部大多有中肋出现。

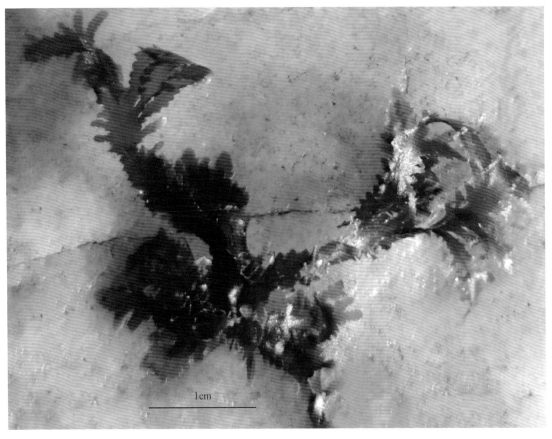

87. 定孢藻 *Acinetospora crinita* **(Carmichael ex Harvey) Kornmann**

分类：水云目 Ectocarpales　水云科 Ectocarpaceae　定孢藻属 *Acinetospora*

分布：大连市区；广布于世界各温带海域。

习性：中、低潮带岩石上，石沼中或其他海藻上。冷温带性种。

大小：高 5~10cm。

又名发状定孢藻。藻体黄褐色，丛生，丝状，常常互相交缠形成很长的团丛。基部有匍匐丝固着于基质上。分枝稀疏，由主丝体细胞中间生出，呈直角。整个藻丝粗细差异不大，主丝体细胞长 20~55μm，宽 20~30μm，长为宽的 0.7~2.8 倍。小枝和假根丝很短，一般由 2~20 个细胞组成。生长区分散于藻体各部。

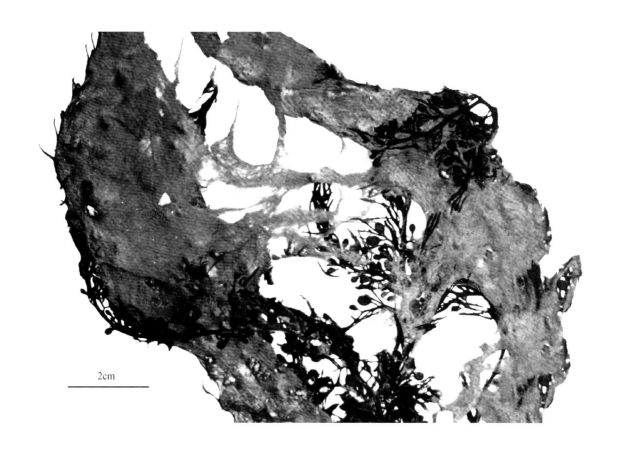

2cm

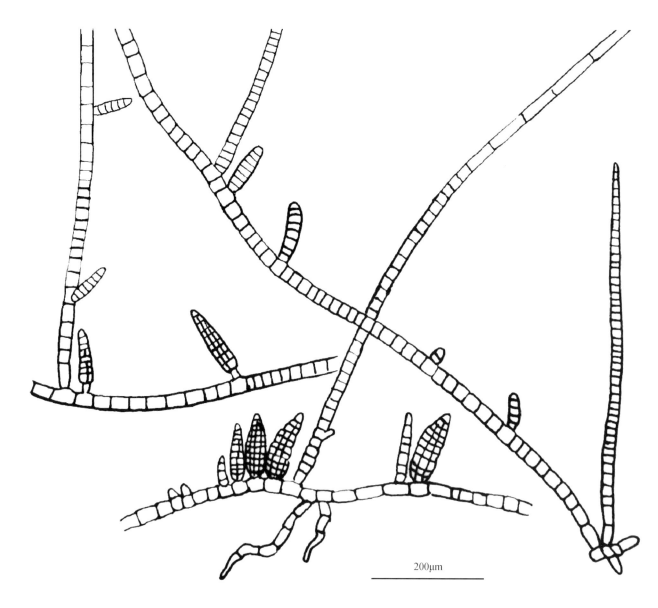

部分藻体

水云属 *Ectocarpus* 分种检索表

1. 主丝体细胞长小于宽（径）·· 束枝水云 *E. fasciculatus*
1. 主丝体细胞长大于宽（径）··· 2
　2. 多室囊纺锤形、披针形，无双囊，长 60~130μm ······························· 水云 *E. confervoides*
　2. 多室囊长锥形或长披针形，有双囊，长 100~250μm ···························· 笔头水云 *E. penicillatus*

88. 水云 *Ectocarpus confervoides* (Roth) Le Jolis

分类：水云目 Ectocarpales　水云科 Ectocarpaceae　水云属 *Ectocarpus*

分布：广泛分布于大连海域；辽宁兴城、山东青岛、江苏连云港。

习性：中、低潮带岩石上，石沼中或其他海藻上。

大小：高 5~15cm。

　　俗名骆驼绒子。藻体淡黄褐色，丝状。分枝互生或侧生，下部紧密，上部比较疏松，枝由下向上逐渐变细，有时末端呈毛状。丝体直径一般为 35~40μm，细胞长为宽的 1~2 倍。色素体为带状。多室囊纺锤形、披针形，无双囊，长 60~130μm；单室囊卵形，长 50~60μm。

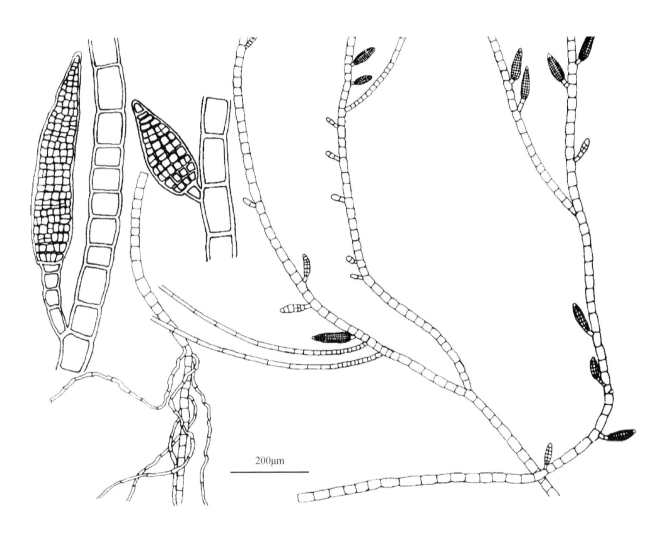

200μm

部分藻体及多室囊

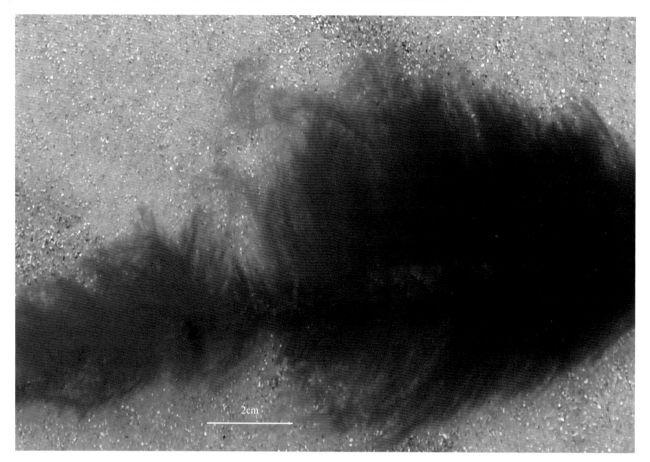

2cm

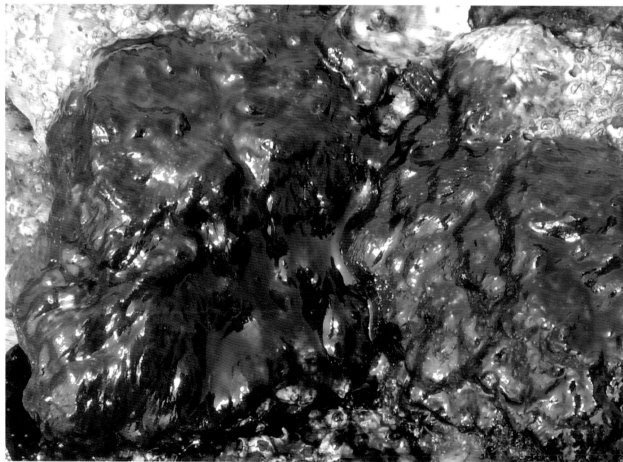

89. 束枝水云 *Ectocarpus fasciculatus* Harvey

分类：水云目 Ectocarpales　水云科 Ectocarpaceae　水云属 *Ectocarpus*

分布：大连市区、长海。

习性：在低潮带以下固着于岩石上，生于冬季（1~2 月）。

大小：高 3~5cm。

藻体黄褐色，丛生，基部具有假根丝，固着于基质上，直立丝体多分枝，疏松，不规则，侧生或互生，由下向上渐细，细胞横壁处稍缢缩，多数细胞长小于宽，枝端钝。主丝体细胞长 17~40μm，宽 65~75μm，长为宽的 0.2~0.6 倍；色素体不规则带状。

2cm

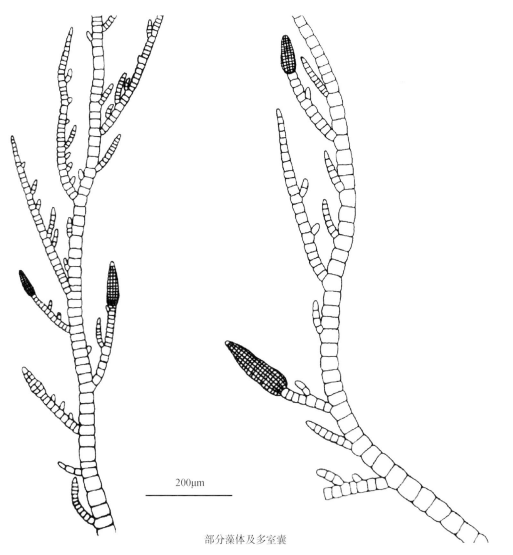

200μm

部分藻体及多室囊

90. 笔头水云 *Ectocarpus penicillatus* (C. Agardh) Kjellman

分类：水云目 Ectocarpales　水云科 Ectocarpaceae　水云属 *Ectocarpus*

分布：大连市区；山东青岛。

习性：于冬季在低潮线附着于海珍品养殖玻璃或塑料的浮子上或其他海藻上。

大小：高 1~7cm。

藻体褐色，干燥后变绿色，丛生。基部生有少量匍匐状假根丝，有的交织成基盘。直立丝体多次分枝，分枝不规则，侧生或互生，由下向上渐细。主丝体细胞长 30~85μm，宽 30~40μm，长为宽的 0.8~2.8 倍。无真正毛，偶见顶端有无色毛状枝。色素体幼时带状，老体有的呈短条状。多室囊长锥形或长披针形，有双囊，长 100~250μm。

2cm

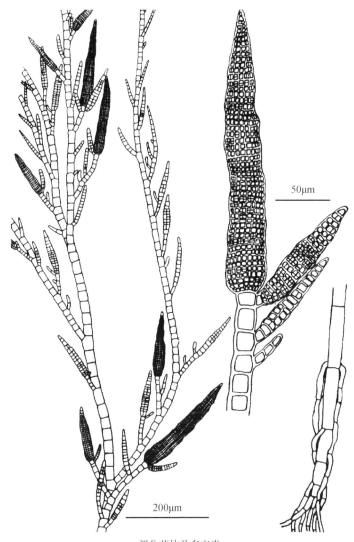

200μm

50μm

部分藻体及多室囊

91. 聚果藻 _Botrytella parva_ (Takamatsu) Kim

分类：水云目 Ectocarpales　聚果藻科 Sorocarpaceae　聚果藻属 _Botrytella_

分布：大连市区、长海；辽宁兴城、山东青岛。

习性：在低潮带附着于大型海藻或岩礁上，生长于春季。

大小：高 3~8cm。

藻体黄褐色，丝状丛生，多次不规则分枝，向上逐渐变细。主丝体较粗，细胞长 50~175μm，宽 50~75μm，长为宽的 0.7~2.3 倍。分枝细，长为宽的 0.5~3 倍。毛透明，着生于小枝顶端或枝端下侧，基部生长区有分生细胞 4~8 个。色素体盘状或不规则盘状，较小亦少。

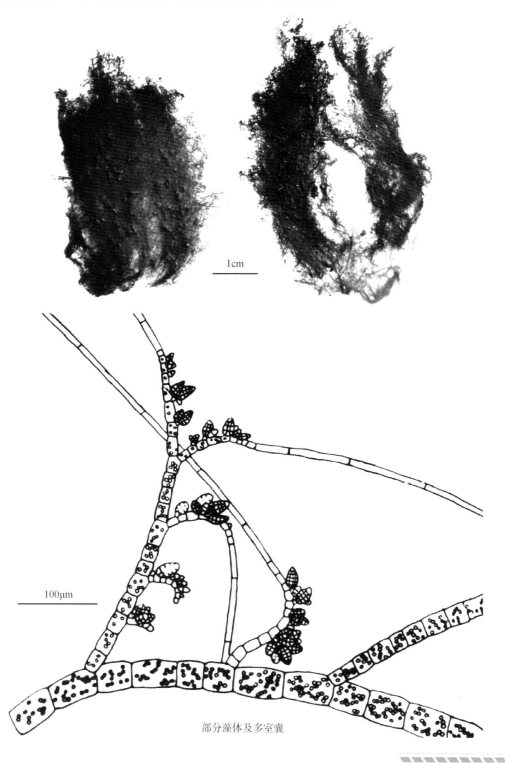

1cm

100μm

部分藻体及多室囊

92. 云氏多孔藻 *Polytretus reinboldii* (Reinke) Sauvageau

分类： 水云目 Ectocarpales　聚果藻科 Sorocarpaceae　多孔藻属 *Polytretus*

分布： 大连市区、长海；辽宁盖州、兴城，山东烟台、青岛。

习性： 在低潮带附着于鼠尾藻藻体上或岩石上，见于晚冬和早春。

大小： 高 2~4cm。

藻体褐色，丝状，丛生。基部向下生有分枝的假根丝体，附着于基质上。直立丝体向上逐渐变细，幼体小枝末端多生无色毛。分枝不规则，3 或 4 次，相互纠缠，向后弯曲的小枝多数。主丝体细胞横壁处稍缢缩，细胞长 20~100μm，宽 40~50μm，长为宽的 0.4~2.5 倍。分枝细胞宽 15~25μm。生长区在分枝的基部。色素体盘形。

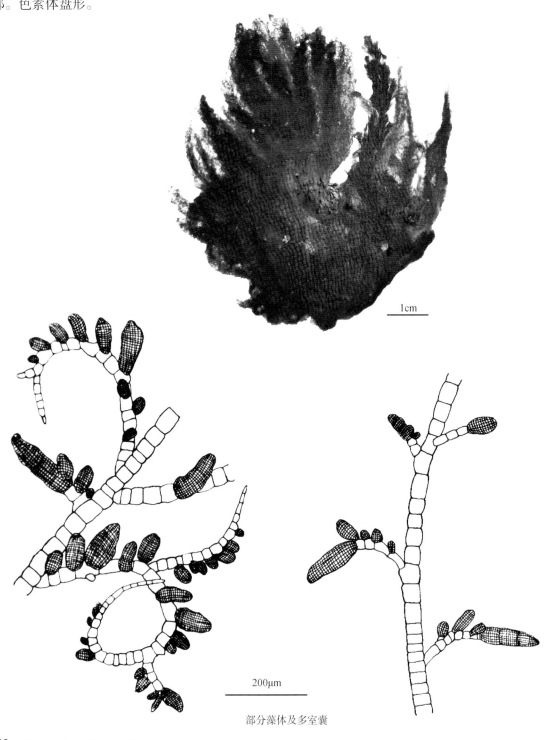

1cm

200μm

部分藻体及多室囊

93. 石生异形褐壳藻 *Heteroralfsia saxicola* (Okamura et Yamada) Kawai

分类：褐壳藻目 Ralfsiales　褐壳藻科 Ralfsiaceae　异形褐壳藻属 *Heteroralfsia*

分布：大连市区、长海；山东青岛。

习性：冬季生于潮间带的岩石上。

大小：高 5~15cm。

又名小褐条藻。藻体黄褐色或褐色，不分枝，丛生，圆柱形，线状，基部具有壳状的盘状体附着于岩石上，基盘由很多直立丝体密集而成。不分枝直立藻体着生于壳状基盘上，中空，常呈螺旋状扭转，下部有很短的细柄，中部稍粗，向上部渐细，直径 0.5~1mm，顶端钝。构造分皮层和髓部，横切面观皮层细胞较小，含色素体。

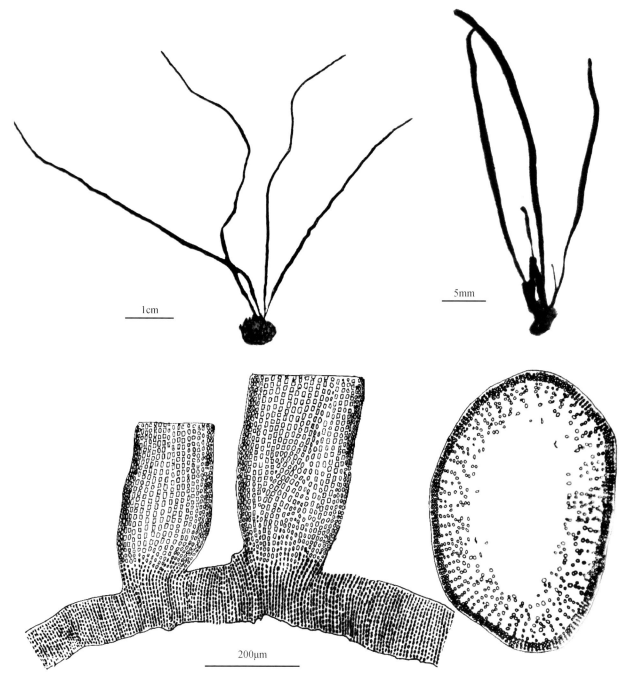

部分藻体及小枝横切面

94. 疣状褐壳藻 *Ralfsia verrucosa* (Areschoug) Areschoug

分类：褐壳藻目 Ralfsiales　褐壳藻科 Ralfsiaceae　褐壳藻属 *Ralfsia*

分布：大连市区、长海；渤海和黄海沿岸海域。

习性：中、低潮带岩石上，常见于池沼周围。

大小：直径 2~6cm。

藻体黑褐色，硬壳状，全面紧密附着于基质上。幼期圆形，边缘光滑，老熟期粗糙呈疣状，松脆易碎，可达 4~5cm 宽，1~2mm 厚。藻体两层，基层藻丝呈放射状，下生假根，上层同化丝细胞排列紧密，壁呈黑褐色。生于中、低潮带岩石或石沼中。全年皆有生长。

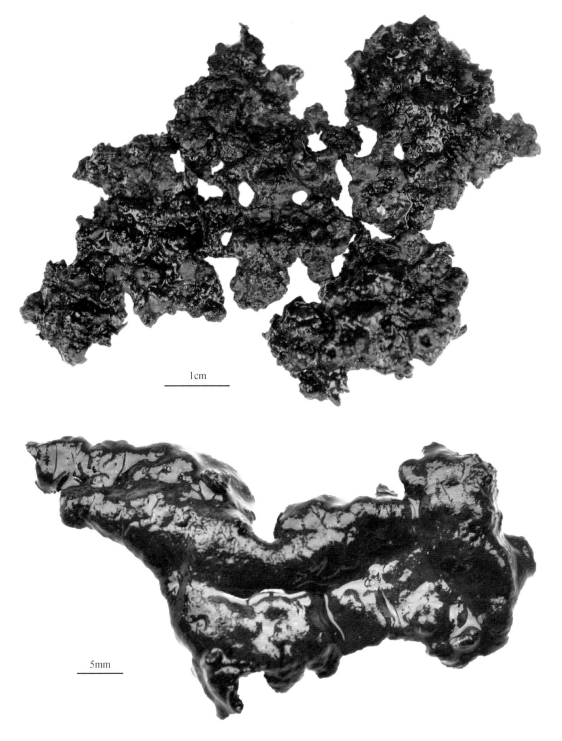

1cm

5mm

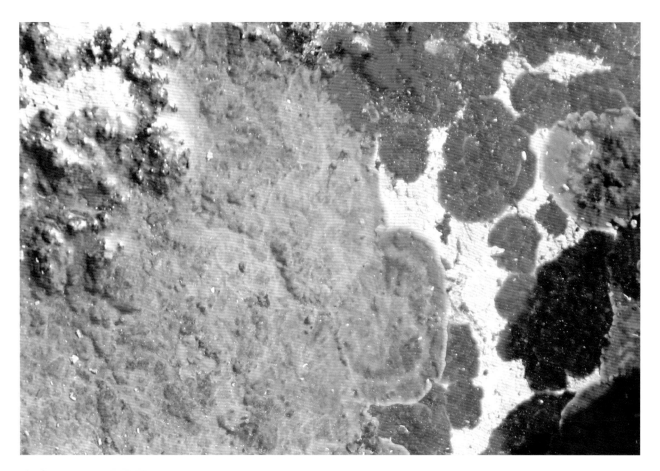

95. 黑顶藻 *Sphacelaria subfusca* **Setchell et Gardner**

分类：黑顶藻目 Sphacelariales　黑顶藻科 Sphacelariaceae　黑顶藻属 *Sphacelaria*

分布：广泛分布于大连海域；黄海、渤海沿岸。

习性：常附着在低潮带岩石上及其他大型藻体上，尤其在鼠尾藻上附着更多。

大小：高 1~2cm。

藻体褐色，丛生，有不规则分枝的假根，伸入宿主表面细胞间。直立丝体宽 4~15μm，节长 20~40μm。顶端生长。细胞含有大的单核和许多圆盘状的色素体。毛生于枝侧面，直径 10~15μm。营养繁殖体生于枝侧面，有 2~3 个放射状小分枝，每个小分枝由 5~8 个细胞组成，柄细胞 10~12 个。

4mm

1cm

2cm

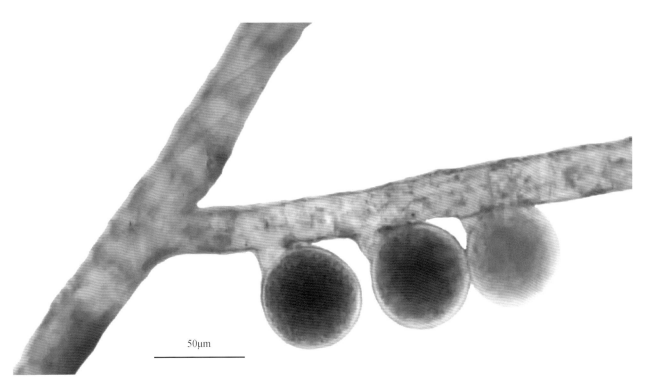

50μm

单室囊小枝

繁殖小枝

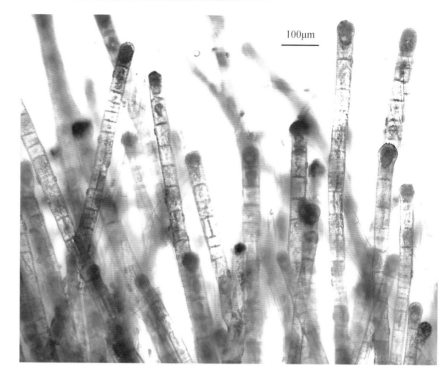

藻体小枝顶端

96. 顶毛藻 *Acrothrix pacifica* Okamura et Yamada

分类：索藻目 Chordariales　顶毛藻科 Acrotrichaceae
顶毛藻属 *Acrothrix*

分布：大连市区、长海；黄海、渤海沿岸。

习性：多附着在绳藻或其他海藻上。

大小：高 10~15cm。

藻体黄褐色，非常黏滑，直立。圆柱状，略扁压，
直径1mm左右。不规则互生分枝，最终为单列细胞的小枝。
同化丝由 3~8 个细胞组成，枝展开，少弯曲，顶端细胞
椭圆形、卵形或倒卵形，长 10~23μm，宽 8~15μm。毛散
生，直径 10μm。

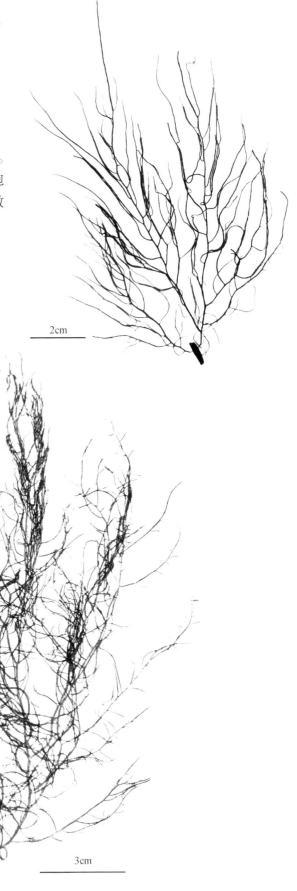

2cm

3cm

97. 硬球毛藻 *Sphaerotrichia firma* (Gepp) A. Zinova

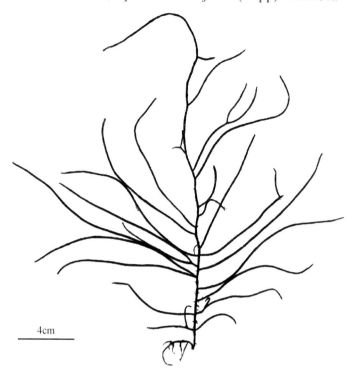

4cm

分类：索藻目 Chordariales　索藻科 Chordariaceae　球毛藻属 *Sphaerotrichia*

分布：大连长海；山东青岛、荣成、威海、烟台。

习性：多生于低潮带岩石上或石沼中。

大小：高 15~25cm。

孢子体黄褐色，干燥后黑色，幼时富黏质，柔软，老体革质，单生或丛生，线状或圆柱状。固着器长圆锥形。主枝明显，分枝与主枝呈直角或者几乎呈直角，枝宽 0.5~1.5mm。分枝多靠近下部，为不规则 2~3 回互生，也有的较为规则地互生，幼体分枝上又有许多小分枝，在较老的个体上，小分枝早脱落。

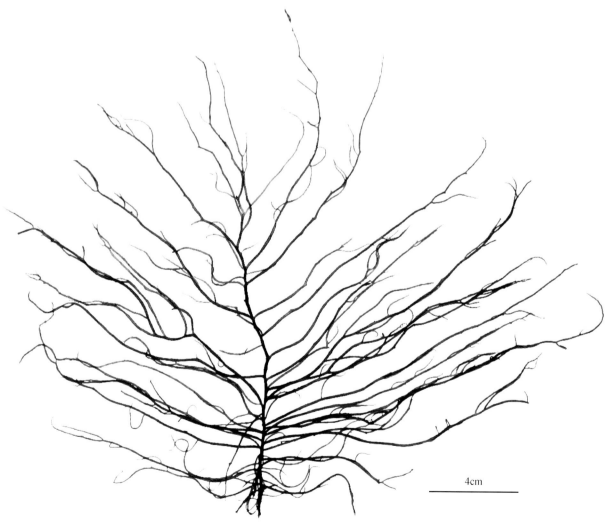

4cm

4cm

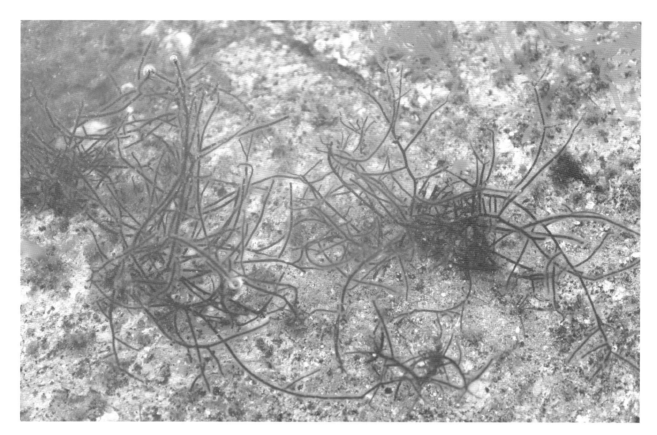

98. 拟真丝面条藻 *Tinocladia eudesmoides* Ding et Lu

分类：索藻目 Chordariales　索藻科 Chordariaceae　面条藻属 *Tinocladia*

分布：大连长海；山东沿海。

习性：生长在潮间带的石沼中。

大小：高 7~20cm。

　　藻体黄褐色，幼时略带绿色，黏滑胶状，圆柱形。主轴明显，为各向不规则互生分枝，分枝多稀疏或局部较密。固着器盘状。中央轴由许多的藻丝组成，细胞圆柱形带假根丝，下皮层在髓部和皮层细胞之间，由反复地多少呈叉状分枝的藻丝体组成。皮层由同化丝组成，被包埋在胶质中，单条或稀疏分枝，末端略弯曲，呈念珠状，顶端细胞膨胀，基部细胞无色。

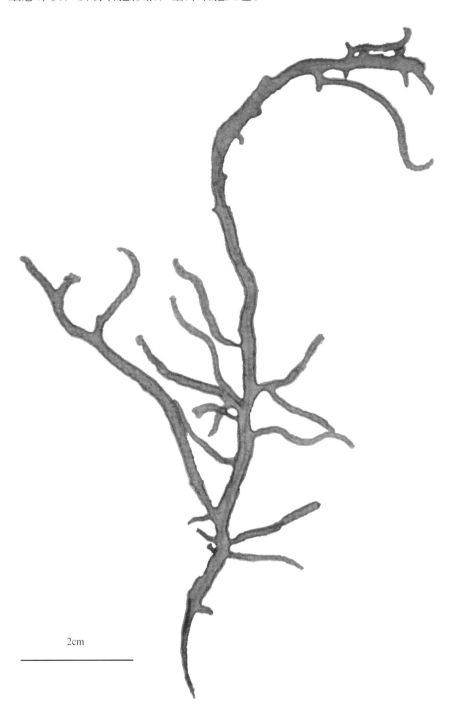

2cm

99. 褐毛藻 *Halothrix lumbricalis* (Kuetzing) Reinke

分类：索藻目 Chordariales　短毛藻科 Elachistaceae　褐毛藻属 *Halothrix*

分布：大连市区、长海；山东沿海。

习性：生长在大叶藻或其他藻体上。

大小：高 2~5mm。

藻体黄褐色，丝状成束，呈小丛状，松散丛生，基部具有短藻丝，稍分枝，交织成固着器。直立丝由单列细胞组成，细胞宽而短，宽 46~76μm，长 33~38μm。藻丝大部单条，但近基部，常有多分叉的短枝。

2mm

黏膜藻属 *Leathesia* 分种检索表

藻体大，通常直径为 10~30mm，表面多皱褶 ………………………………… 黏膜藻 *L. difformis*

藻体较小，一般直径为 1~5mm，表面较平滑 ………………………………… 小黏膜藻 *L. nana*

100. 黏膜藻 *Leathesia difformis* (Linnaeus) Areschoug

分类：索藻目 Chordariales　黏膜藻科 Leathesiaceae　黏膜藻属 *Leathesia*

分布：大连市区、长海；渤海和黄海沿岸。

习性：潮间带岩石上或附生在其他大型海藻上。

大小：单独直径 1~3cm，集体 5~7cm。

藻体黄褐色，干燥后变褐色，质黏滑易碎，稍呈球形，表面凹凸不平，幼时实心，长大后中空。内部为大型不规则的薄壁细胞、无色细胞构成髓部，髓部的外部为皮层，由栅状排列的同化丝组成，同化丝棒状，2~4 个细胞，长 20~30μm，宽 4~5μm，顶细胞大，球形或倒卵形。无色透明单列细胞组成的毛，束状着生于同化丝基部。

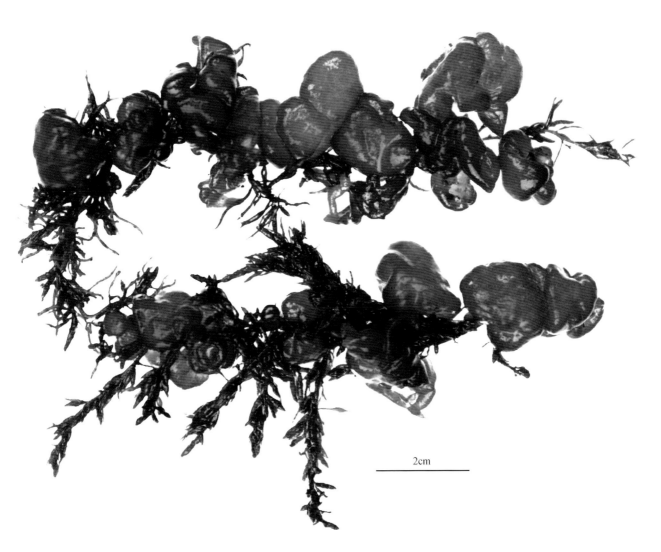

2cm

101. 小黏膜藻 *Leathesia nana* Setchell et Gardner

分类：索藻目 Chordariales　　黏膜藻科 Leathesiaceae　　黏膜藻属 *Leathesia*

分布：大连市区、长海；山东烟台、青岛。

习性：春末夏初大量出现，附着于潮间带新松节藻、萱藻等大型海藻上。

大小：直径 1~5mm。

藻体黄褐色，近球形，聚生，表面光滑无皱纹。构造通常实心，髓部由不规则大型无色细胞组成，皮层由同化丝组成，同化丝由 3~5 个细胞组成，顶细胞大，呈卵形。在皮层细胞中生有无色透明的毛丝体，毛长 300~400μm，直径为 4~5μm。

102. 单条肠髓藻 *Myelophycus simplex* (Harvey) Papenfuss

分类：网管藻目 Dictyosiphonales　粗粒藻科 Asperococcaceae　肠髓藻属 *Myelophycus*

分布：大连市区、长海；渤海和黄海沿岸。

习性：中、低潮带岩石上。

大小：高 5~15cm。

藻体黑褐色，丛生，圆柱状，不分枝，向顶渐狭，常扭曲，直径 1~2mm。基部盘状。软骨质。幼时中实，成熟时中空。髓部由几排较大的无色、稍等径的细胞组成；内皮层由一层小的方形细胞组成；外皮层为与体表垂直的直立同化丝，由内皮层细胞产生，同化丝 8~10 个细胞长，顶端细胞稍膨大。单室孢子囊倒卵形或椭球形，散生于同化丝之间。多室孢子囊从内皮层上产生，20~30 个细胞长，端部为一个大而不育的细胞。

2cm

103. 网管藻 *Dictyosiphon foeniculaceus* (Hudson) Greville

分类：网管藻目 Dictyosiphonales　网管藻科 Dictyosiphonaceae　网管藻属 *Dictyosiphon*

分布：大连市区；山东烟台、威海、青岛等地。

习性：生长于高潮带石沼中的萱藻上或大干潮线下的绳藻上。

大小：高 8~15cm。

藻体单生或偶有几个藻体共生于一个盘状固着器上。体圆柱状，重复分枝，分枝开始于近基部处。枝互生或偶尔对生，各个枝长短不齐，枝基部不缢缩。末枝逐渐变细，短小的如锥状，幼时密生细毛。藻体柔软，逐渐变为中空。皮层由 1~2 层组成，基部由 3 层细胞组成，细胞小，圆形或具角，每个细胞内充满盘状色素体。髓部为大而延长的细胞。

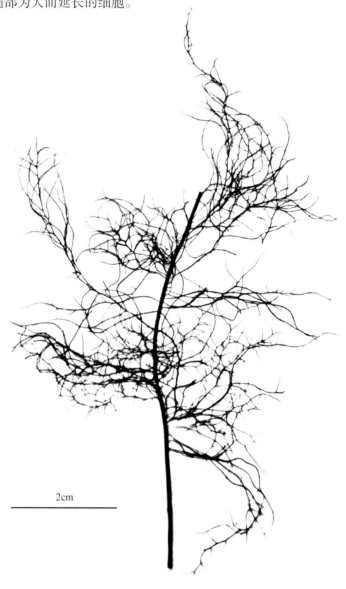

2cm

点叶藻属 *Punctaria* 分种检索表

1. 藻体高不超过 7cm，幅宽小于 2cm ···························· 拟西方点叶藻 *P. hesperia*

1. 藻体高超过 10cm，幅宽大于 2cm ···························· 2

2. 藻体边缘部重叠 ···························· 西方点叶藻 *P. occidentalis*

2. 藻体边缘部不重叠 ···························· 点叶藻 *P. latifolia*

104. 拟西方点叶藻 *Punctaria hesperia* Setchell et Gardner

分类：网管藻目 Dictyosiphonales　点叶藻科 Punctariaceae　点叶藻属 *Punctaria*

分布：大连市区、长海。

习性：在低、中潮带附着于海草及其他大型海藻上。

大小：高 2~6cm，宽 0.5~1.5cm。

藻体黄褐色、褐色，丛生，附着在其他海藻上。固着器盘状，叶片披针形，边缘平滑少褶皱，顶端尖，常破损。结构由 4~6 层细胞组成，可分为皮层和髓部，皮层细胞多为单层，含盘状色素体，表面观细胞呈亚方形，髓部细胞层位于藻体的中央，无色。

2cm

105. 点叶藻 *Punctaria latifolia* Greville

2cm

2cm

分类：网管藻目 Dictyosiphonales 点叶藻科 Punctariaceae　点叶藻属 *Punctaria*

分布：大连市区、长海；黄海、渤海沿岸。

习性：多生于低潮带的岩石上、石沼中或各种大型藻体上。

大小：高 10~25cm，宽 2~8cm。

俗名死人皮。藻体丛生，叶状，单条，窄细至广披针形，有时顶端尖细，多数钝顶，叶表面散布着很多暗褐色的小点。基部楔形、卵形或心形，柄极短。质地柔软、薄膜质、微透明，浅黄褐至橄榄色。内部通常由 2~4 层长方形细胞组成，有时可达 5 层。藻体表面具有成束的无色毛。

106. 西方点叶藻 *Punctaria occidentalis* Setchell et Gardner

分类：网管藻目 Dictyosiphonales　点叶藻科 Punctariaceae　点叶藻属 *Punctaria*

分布：大连市区。

习性：在低、中潮带附着于其他大型海藻上或养殖浮筏上。

大小：高 20~30cm，可达 80cm；宽 3~20cm。

藻体黄褐色，丛生或单生，叶状，纸质，体较大，固着器盘状，上具短柄，柄楔形，叶片全缘，边缘部重叠多波皱，形状多不规则，带形、披针形或卵形。构造由 1~7 层细胞组成，可分皮层和髓。皮层细胞较小，单层，含有色素体，正面观细胞四边形至六边形或圆形，横切面观细胞为不规则椭圆形、长卵形。髓细胞明显大，横切面观方形或不规则长方形，无色。毛丛生，着生于皮层上，由单列细胞组成。色素体小颗粒状。

4cm

囊藻属 *Colpomenia* 分种检索表

藻体球状、扁压而呈不规则形状···囊藻 *C. sinuosa*

藻体为粗手指套状···长囊藻 *C. bullosa*

107. 长囊藻 *Colpomenia bullosa* (Saunders) Yamada

分类：萱藻目 Scytosiphonales　萱藻科 Scytosiphonaceae　囊藻属 *Colpomenia*

分布：大连长海；山东青岛。

习性：春季繁盛，生长在高、中潮带岩石或石沼中。

大小：高 15~30cm，宽 1~3cm。

藻体常丛生，黄褐色，膜质，富韧性。直立部分中空，粗手指套状，顶端钝圆。幼时表面平滑，老时则表现不同程度皱裂，甚至稍微裂开。藻体无柄，基部宽阔，边缘波状。膜体由皮层与髓部组成。皮层为 2~3 层细胞；细胞方形或多角形，髓部细胞无色。

3cm

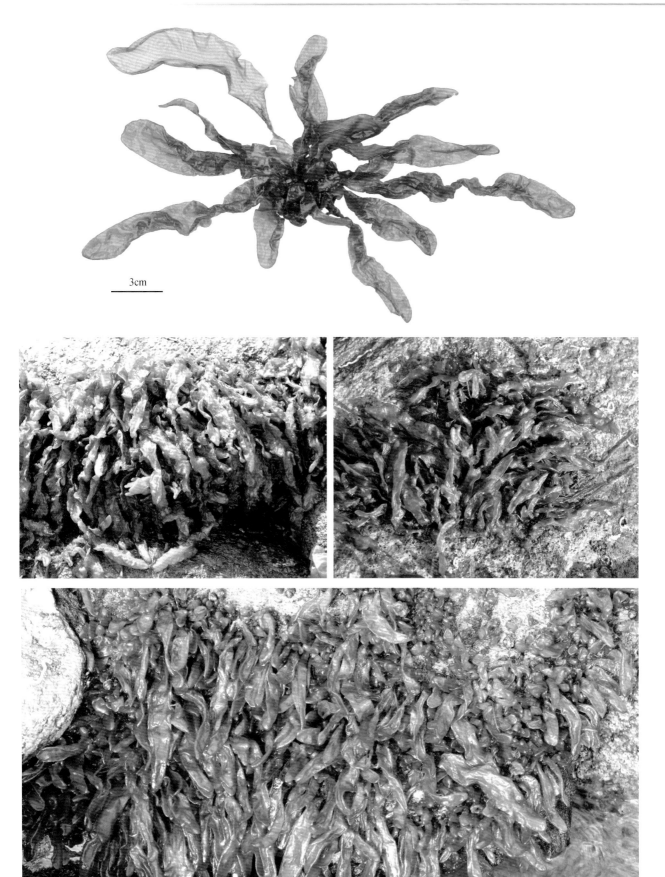

3cm

108. 囊藻 *Colpomenia sinuosa* (Mertens ex Roth) Derbès et Solier

分类：萱藻目 Scytosiphonales　萱藻科 Scytosiphonaceae　囊藻属 *Colpomenia*

分布：广泛分布于大连海域；山东、浙江。

习性：潮间带岩石上或附生在其他藻体上。

大小：直径 5~20cm。

藻体黄褐色，丛生囊状。幼时近圆球形，中空，随着成长逐渐在表面呈现出凹凸不平，并常有裂口，形成扁形或不规则的囊状。体壁由两层组织组成，皮层由 1~2 层方形或多角形小细胞组成，髓部由 2~5 层大而近圆形的无色细胞组成。

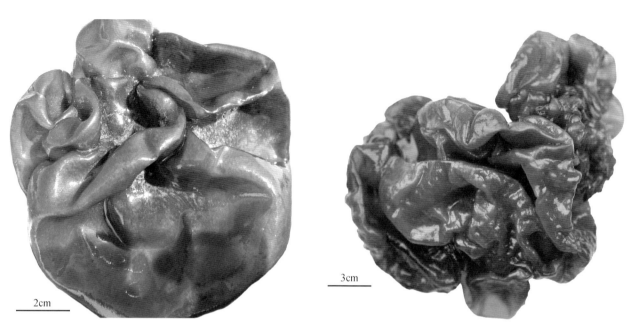

2cm

3cm

幅叶藻属 *Petalonia* 分种检索表

叶片宽 0.5~6cm，弯曲，有时边缘卷曲 ·· 幅叶藻 *P. fascia*

叶片宽 0.5~1mm，扁平 ·· 细带幅叶藻 *P. zosterifolia*

109. 幅叶藻 Petalonia fascia (O. F. Müller) Kuntze

分类：萱藻目 Scytosiphonales　萱藻科 Scytosiphonaceae　幅叶藻属 Petalonia

分布：大连市区、长海、瓦房店；黄海、渤海沿岸常见的种类。

习性：生长在低潮带的岩石上，或其他藻体上。冬、春季生长繁茂。

大小：高 10~15cm，可达 35cm；宽 0.5~3.5cm，可达 6cm。

藻体绿褐色至橄榄褐色。基部楔形，其上则为线形至披针形，伸直或略弯曲，顶端略尖或有 2~3 个浅裂片。在同一丛上生长的藻体，叶片长宽的比例常有很大的差异，有时略有螺旋的卷曲，叶缘有起伏。髓部有 6~10 层大的无色细胞。皮层细胞小，含色素体。藻体中央部位的细胞有时疏松，并形成不大的腔，腔内充满胶质。藻体的表面生有长毛。

4cm

110. 细带幅叶藻 *Petalonia zosterifolia* (Reinke) Kuntze

分类：萱藻目 Scytosiphonales　萱藻科 Scytosiphonaceae　幅叶藻属 *Petalonia*

分布：大连市区；山东青岛。

习性：生长在海藻养殖浮筏的缆绳及浮球上。

大小：高 10~20cm，宽 0.5~1mm。

藻体丛生，线状，单条。叶片窄细。黄褐色至深褐色。有小固着器和短的柄部。上部微微扩展，有时略卷曲。体横切面为椭圆形，一般中实，部分中空。髓部细胞无色，存在假根状丝体。皮层由 1~3 层细胞组成。

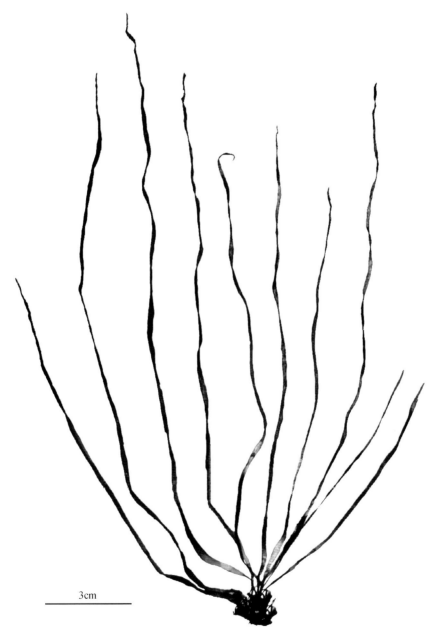

3cm

萱藻属 *Scytosiphon* 分种检索表

藻体髓部 1~2 层细胞　·· 纤细萱藻 *S. gracilis*

藻体髓部 3~5 层细胞　·· 萱藻 *S. lomentaria*

111. 纤细萱藻 *Scytosiphon gracilis* Kogame

分类：萱藻目 Scytosiphonales　萱藻科 Scytosiphonaceae　萱藻属 *Scytosiphon*

分布：大连市区、长海。

习性：高潮带至低潮带岩石上或石沼中。

大小：高 10~25cm，可达 40cm；宽 0.5~4mm，可达 8mm。

　　藻体丛生，单条扁平或管状，藻体柔软，藻体成熟后扭曲。外皮层由 1~3 层具色素体的小细胞组成，内皮层由 2~3 层无色大细胞组成。髓部 1~2 层细胞，细胞切面为圆形或椭圆形，大小为（ 24~36 ）μm×（ 24~80 ）μm，内侧长 400μm，毛不多，单生或群生。

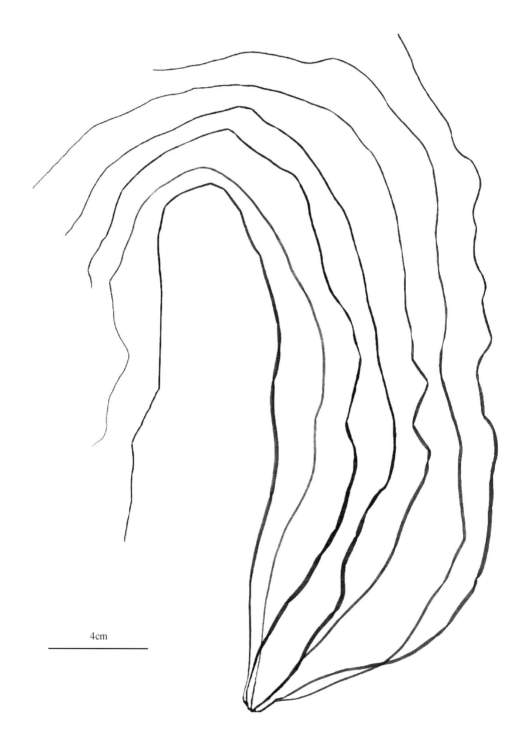

4cm

112. 萱藻 *Scytosiphon lomentaria* (Lyngbye) Link

分类：萱藻目 Scytosiphonales　萱藻科 Scytosiphonaceae　萱藻属 *Scytosiphon*

分布：广泛分布于大连海域；黄海、渤海、东海、南海。

习性：高潮带至低潮带岩石上或石沼中。

大小：高 15~70cm。

俗名海麻线。藻体黄褐色至深褐色，直径 2~10mm，单条，丛生，幼时中实，但不久即为中空，形成圆管形，有时扁或扭曲，一般缢缩成节。固着器为盘状。藻体切面观由髓部和内皮层、外皮层组成，细胞自内向外逐渐变小，无细胞间隙。体表细胞小，含有色素体，中层为大而无色细胞，最内层为髓部，由 3~5 层无色细胞组成。

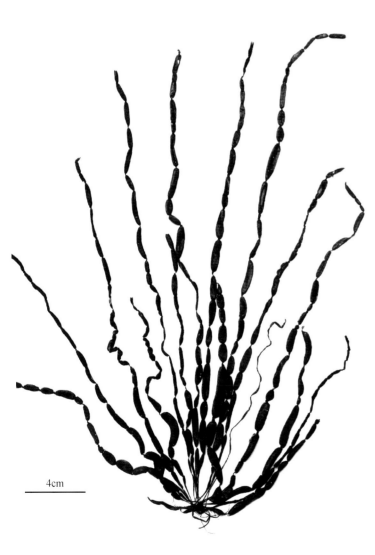

4cm

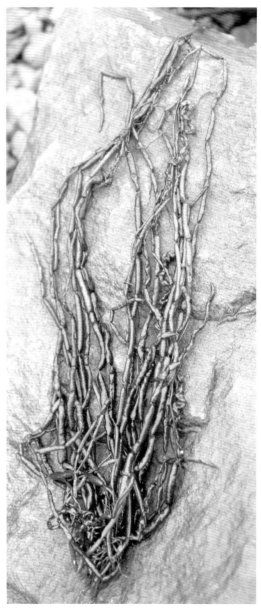

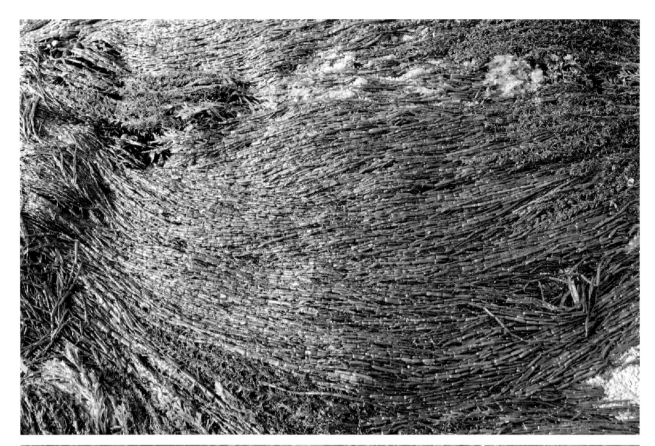

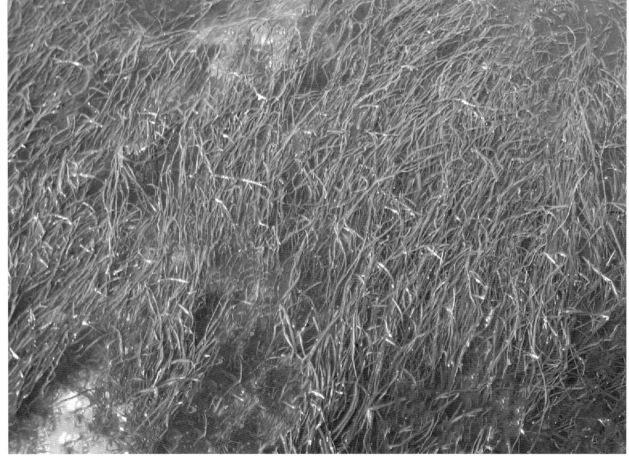

大连海藻图鉴

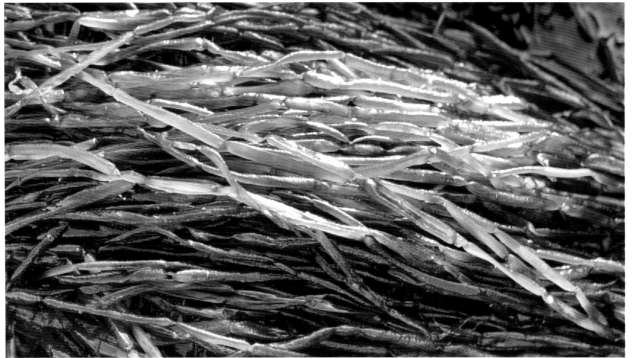

酸藻属 *Desmarestia* 分种检索表

藻体线状、圆柱状，对生分枝···酸藻 *D. viridis*

藻体扁平膜状，数回对生分枝··舌状酸藻 *D. ligulata*

113. 舌状酸藻 *Desmarestia ligulata* (Stackhouse) J. V. Lamouroux

分类：酸藻目 Desmarestiales　酸藻科 Desmarestiaceae　酸藻属 *Desmarestia*

分布：大连市区、长海、瓦房店；山东青岛。

习性：低潮线附近的岩石上。

大小：高 60~90cm。

外来种。藻体扁平膜状，黄褐色，丛生或单生，固着器圆锥状或盘状。主干圆柱状或亚圆柱状，直径 3~4mm，分枝对生，3~4 次，扁平，有中肋，中部较宽，向基部渐窄，通常宽 1~4mm，末位小枝披针形，小枝两缘及顶端生有单列细胞毛，毛脱落后，枝缘呈锯齿状。

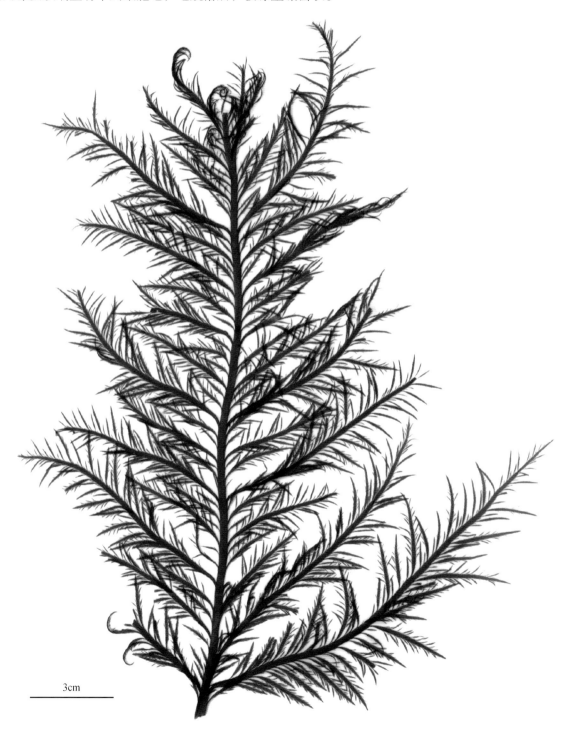

3cm

114. 酸藻 *Desmarestia viridis* (O. F. Müller) J. V. Lamouroux

分类：酸藻目 Desmarestiales　酸藻科 Desmarestiaceae　酸藻属 *Desmarestia*

分布：大连市区、长海、瓦房店；渤海和黄海沿岸。

习性：寒带海洋性种。生于中、低潮带岩石上。

大小：高 60~120cm。

藻体线状，黄褐色至褐色或暗褐色，固着器盘状，基部主枝圆柱状，较粗，直径 3~4mm，上部具有多次分枝，分枝多为对生，越往上越细，最上部呈毛状分枝，枝很密，各枝的顶端为单列细胞所组成的毛状枝，毛状枝随着成长逐渐脱落。细胞的液泡中细胞液酸性很强，pH 可达 1，藻体死亡分解或生活过程中能游离出酸性物质，这些酸性物质在采集标本时，易腐蚀和它放在一起的藻类，故要注意分放。

6cm

115. 裙带菜 *Undaria pinnatifida* (Harvey) Suringar

浮筏养殖裙带菜

分类：海带目 Laminariales　翅藻科 Alariaceae　裙带菜属 *Undaria*

分布：大连市区、长海、瓦房店；山东、浙江。

习性：太平洋西部特有的暖温带性种。风浪不太大的低潮线及其以下 1~2m 的岩石上。

大小：高 1~2m，有时可达 4m；宽 0.6~1m。

引入种。俗名海芥菜。藻体黄褐色，披针形叶状，革质。藻体由叶片、柄部和固着器 3 部分组成。柄部扁圆形，固着器假根状。柄部稍扁，中肋稍隆起，边缘有狭长突起，延伸到叶片，叶片呈羽状裂片，叶面上散布许多黑色小斑点，为黏液腺。藻体幼期卵形或长叶片形，单条，成熟藻体柄两侧生有耳状重叠褶皱的孢子叶。

50cm

50cm

裙带菜孢子叶

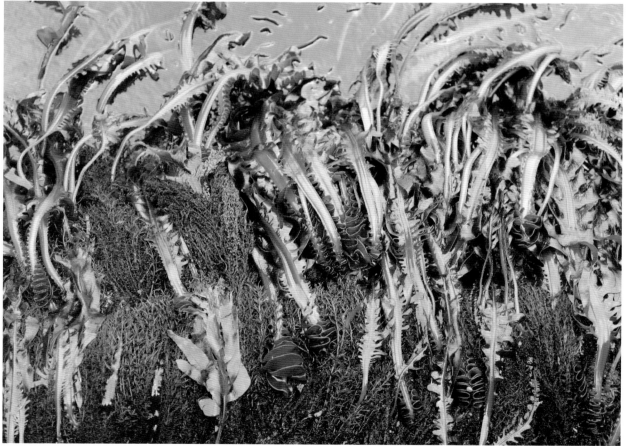

116. 绳藻 _Chorda filum_ (Linnaeus) Stackhouse

分类：海带目 Laminariales　绳藻科 Chordaceae　绳藻属 _Chorda_

分布：大连长海；渤海和黄海沿岸。

习性：低潮线附近，静止水中的岩石上或贝壳上。

大小：高 0.5~5m，直径 2~5mm。

俗名海嘎子。藻体褐色，丛生，单条不分枝，质黏滑，有时扭曲呈螺旋状。基部固着器为小盘状，藻体由固着器上直立长出，靠近固着器，有较短的柄，从柄向上逐渐增粗。藻体上部中空，下部中实，中空部由许多横隔膜隔成很多体腔。无色或淡黄色毛常密生于幼体的表面。

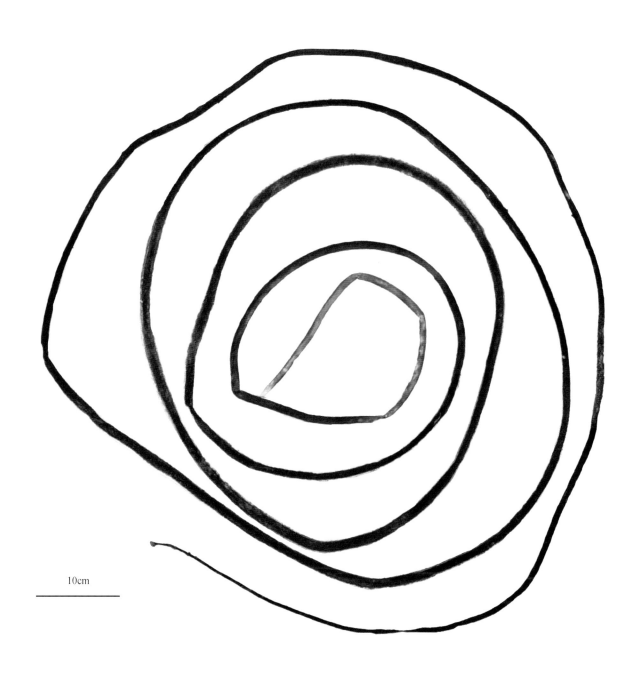

10cm

20cm

绳藻中下部

117. 海带 *Laminaria japonica* Areschoug

分类：海带目 Laminariales　海带科 Laminariaceae　海带属 *Laminaria*

分布：大连市区、长海、瓦房店；山东。

习性：亚寒带性种。潮下带的岩石、贝壳、石砾和砖块上。

大小：长 2~4m，可达 6m；宽 20~30cm，可达 50cm。

引入种。孢子体成熟时橄榄褐色，干燥后变为黑褐色，革质。孢子体分为固着器、柄部和叶片 3 部分，固着器由叉状的假根所组成。柄部短粗，下部呈圆柱状，稍向上则呈椭圆形，再向上则变为扁压。叶片狭长、全绿，从中部向上逐渐变窄，叶片和叶柄的内部构造大致相同，可分为 3 层组织，外层为表皮，其次为皮层，中央为髓部，髓部有无色藻丝，髓丝细胞一端膨大为喇叭形。

50cm

50cm

海带养殖

海带养殖

海带养殖

118. 多肋藻 *Costaria costata* (C. Agardh) Saunders

40cm

30cm

分类：海带目 Laminariales　海带科 Laminariaceae　多肋藻属 *Costaria*

分布：大连市区、长海、瓦房店。

习性：低潮带及潮下带。

大小：长 2~3m，宽 10~50cm。

外来种。日文名"筋布"。藻体黄褐色至深褐色，革质有光泽，由固着器、柄和叶片组成。叶片扁平带状，基部楔形或圆形，叶片上有突出于叶片表面并贯穿于整个叶片的 3 条平行纵向肋。叶片上排列着不同形状的皱泡，皱泡一面凹进，一面凸起，在皱泡间具有大小不一的孔。固着器由叉状分枝的假根组成，茎呈圆柱状或稍扁。

119. 叉开网翼藻 *Dictyopteris divaricata* (Okamura) Okamura

分类：网地藻目 Dictyotales　网地藻科
Dictyotaceae　网翼藻属 *Dictyopteris*

分布：大连市区、长海；黄海和渤海沿岸海域。

习性：低潮带岩石上、石沼内或大干潮线下 1~4m
深处的岩石上。

大小：高 15~25cm，宽 1~2.5cm。

藻体橄榄色，稍硬，扁平复叉状分枝，边缘全缘，
具中肋，固着器盘形。藻体表面生出成束毛。靠近中
肋为 4~6 层细胞，中肋两侧翼部分为 2 层细胞。中肋
由长形髓细胞与外边的皮层细胞组成，外层细胞稍呈
正方形，含多数色素体。孢子囊小，长卵形，生于老
的藻体上部中肋的两侧排成数列。冬、夏生长繁茂。

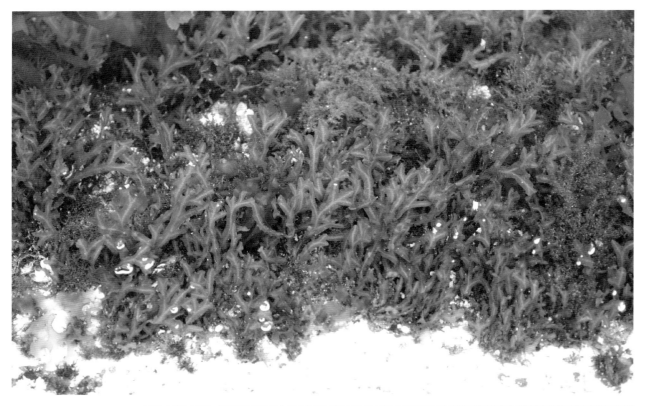

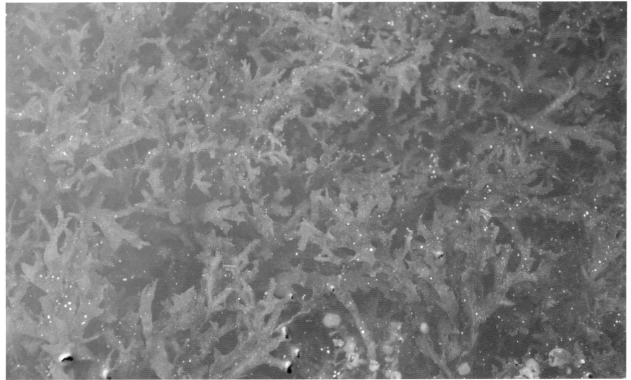

网地藻属 *Dictyota* 分种检索表

分枝角度大，呈 90°，可达 120°；藻体下部密集、匍匐错综 ························ 叉开网地藻 *D. divaricata*

分枝角度小，小于 90°；藻体直立，下部不匍匐错综 ·························· 网地藻 *D. dichotoma*

120. 网地藻 *Dictyota dichotoma* (Hudson) Lamouroux

分类：网地藻目 Dictyotales　网地藻科 Dictyotaceae　网地藻属 *Dictyota*

分布：大连市区、长海；东海、南海等海域。

习性：中、低潮带岩石上或石沼中。

大小：高 6~18cm。

藻体黄褐色，薄膜状。藻体直立，下部不匍匐错综，复叉状分枝，全缘，分枝宽 1~5mm，通常夹角 45°~90°，枝端圆。构造由皮层和髓部组成。皮层细胞小且多少呈立方形，内有颗粒状褐色色素体。髓部细胞大而无色。四分孢子囊小球状，生在上部枝的两面。

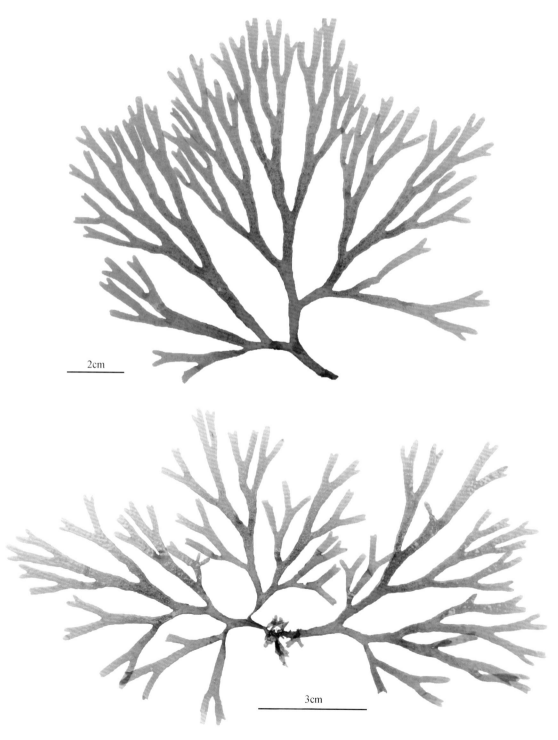

2cm

3cm

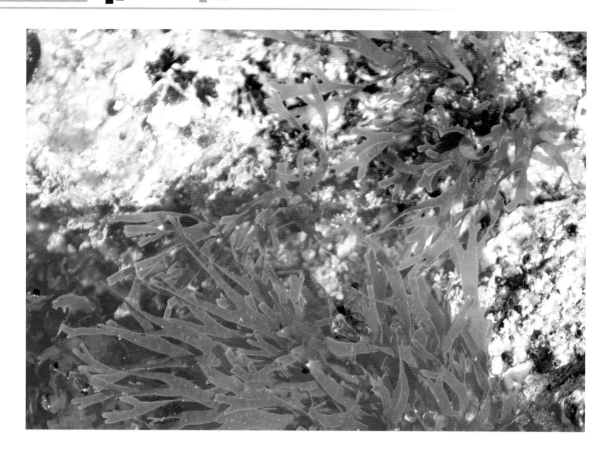

100μm

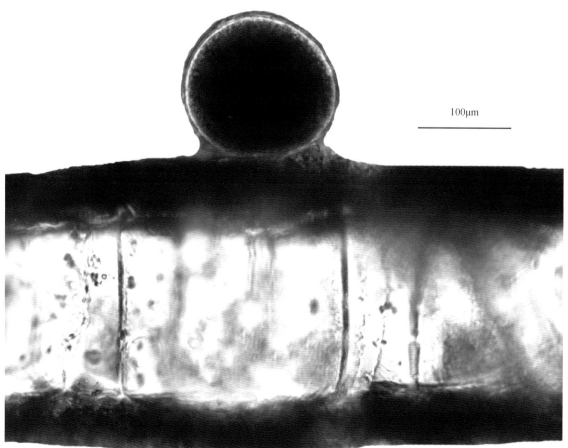

孢子体横切面（四分孢子囊）

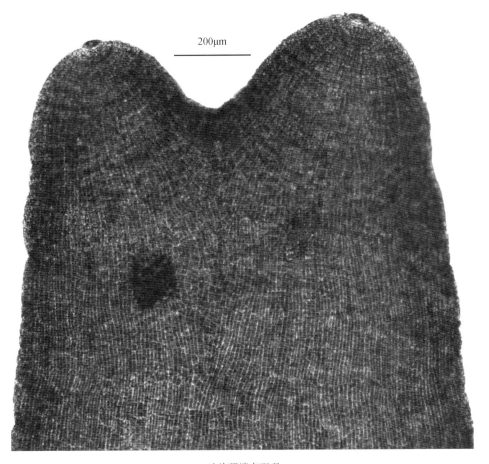

叶片顶端表面观

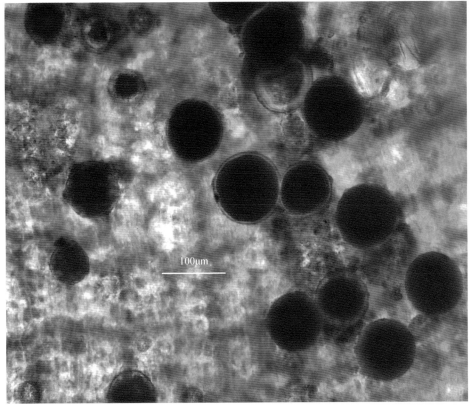

孢子体表面观

121. 叉开网地藻 *Dictyota divaricata* Lamouroux

分类：网地藻目 Dictyotales　网地藻科 Dictyotaceae　网地藻属 *Dictyota*

分布：大连长海、瓦房店；黄海、东海、南海等海域。

习性：低潮带岩石上。

大小：高 3~10cm。

藻体黄褐色，膜质，丛生，线状全缘。下部枝平卧，直立部分很密，而错综成团块，多少规则地叉状分枝，枝宽 2~3mm。体的两面有时有单条或叉状副枝伸出。上部枝稍不规则展开，分枝角度大，呈90°，可达 120°，枝宽 1~2mm，顶端稍细，二裂。藻体中下部边缘有时具有可育枝。四分孢子囊生于藻体的表面。

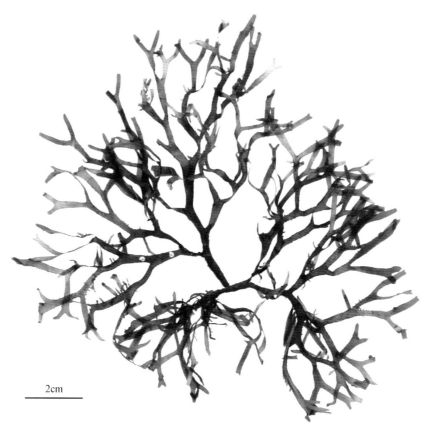

2cm

122. 鹿角菜 *Silvetia siliquosa* (Tseng et C. F. Chang) Serrão, Cho, Boo et Brawley

分类：墨角藻目 Fucales　墨角藻科 Fucaceae　鹿角菜属 *Silvetia*

分布：大连旅顺；山东乳山、荣成。

习性：生长在中潮带的岩石上。

大小：高 6~9cm，可达 18cm。

　　藻体为扁压的线状体，无气囊，新鲜时黄橄榄色，干燥时变黑。软骨质，固着器为圆锥状，柄部亚圆柱形。生长在隐蔽且浪小处的分枝较繁多，在显露且浪大处则分枝简单而稀少。藻体的下部叉状分枝较为规则，分枝的角度也较宽，而上部分枝的角度则较狭，二叉分枝不等长，上部的节间比下部的长。雌雄同体，生殖托多具有明显的柄，长 2~5mm，有时可达 2cm，成熟生殖托长角果形。

2cm

2cm

123. 羊栖菜 *Hizikia fusiforme* (Harvey) Okamura

分类: 墨角藻目 Fucales　马尾藻科
Sargassaceae　羊栖菜属 *Hizikia*

分布: 大连市区、长海;北起辽东半岛,
南至雷州半岛均有分布。

习性: 风浪较大的低潮带岩礁上。

大小: 高 20~100cm,可达 200cm。

该种也有被归类于马尾藻属的,学名
为 *Sargassum fusiforme* (Harvey) Setchell。
藻体黄褐色,干后变黑色。肥厚多浆,固
着器为假根状。主枝直立圆柱形,初生叶
扁平,具不明显中肋叶的变异很大,呈细
匙形或线形。气囊的形状多样,纺锤形、
球形或梨形,囊柄长短不一,可达 2cm。
枝、叶和气囊不一定同时存在于同一个藻
体上,有些类型终生只具有三者之一或三
者之二。生殖托圆柱状或长椭圆形,钝头,
长 0.5~1.5cm,具有柄,单条或偶有分枝,
丛生于小枝上或叶腋间。

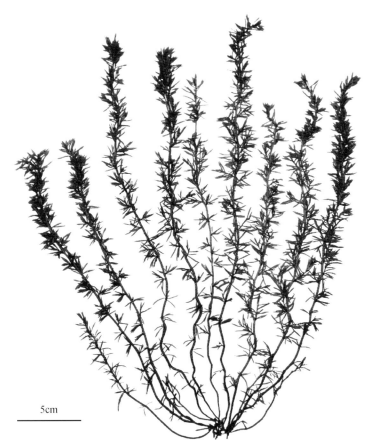

5cm

5cm

3cm

羊栖菜幼苗

羊栖菜小苗

马尾藻属 *Sargassum* 分种检索表

124. 铜藻 Sargassum horneri (Turner) C. Agardh

分类：墨角藻目 Fucales　马尾藻科 Sargassaceae　马尾藻属 Sargassum

分布：广泛分布于大连海域；不连续分布于我国南北沿海。

习性：低潮带石沼中或大干潮线下4m深处岩石上。

大小：高 0.5~2m。

藻体黄褐色，体较纤弱。固着器裂瓣状，主干圆柱形，分枝互生或对生，叶片长 1.5~7cm，宽 0.3~1.2cm，中肋及顶，锯齿深裂，气囊椭圆至圆柱状。生殖托圆柱状，有短柄，顶生或生在叶腋中。

3cm

2cm

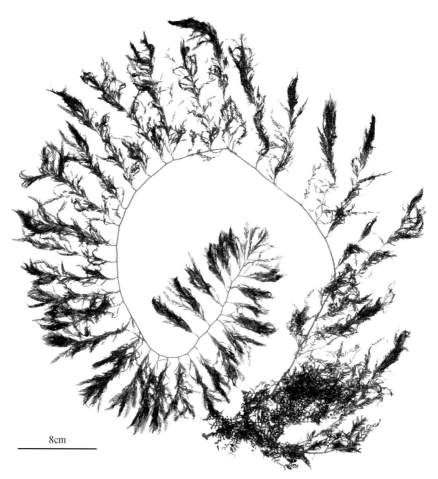

8cm

藻体基部及固着器

125. 裂叶马尾藻 *Sargassum siliquastrum* (Mertens ex Turner) C. Agardh

分类：墨角藻目 Fucales　马尾藻科 Sargassaceae　马尾藻属 *Sargassum*

分布：大连市区、长海；山东、福建、广东；黄海、渤海。

习性：多数生于大干潮线下 1~5m 深处岩礁上，少数生长在低潮带的大石沼中。

大小：高 0.5~1.5m。

体暗褐色，体质坚硬。固着器圆锥状或盘状。主干圆柱形，上着生数条亚圆形初生枝。枝基部三棱形，扭曲，上部圆柱状。藻体下部叶长而宽，向下强烈反曲，近全缘或有微齿或重锯齿形。上部叶窄细，有深裂，可裂至中肋。叶质薄纸质至厚革质。雌雄异株。生殖托单生，生于叶腋，总状排列，有时 2~3 个生殖托生长在一个短枝上，气囊椭圆形或倒卵形。

15cm

15cm

126. 海蒿子 *Sargassum confusum* **C. Agardh**

分类: 墨角藻目 Fucales　马尾藻科 Sargassaceae
马尾藻属 *Sargassum*

分布: 大连市区、瓦房店、长海; 黄海和渤海沿岸。

习性: 潮间带石沼中或大干潮线下 1~4m 深处岩石上。

大小: 高 1~2m。

藻体褐色, 固着器盘状, 上生圆柱形主干, 主干上羽状生出许多主枝, 主枝上生出具有中肋的"叶", 叶腋再生出具丝状叶的侧枝, 幼枝上生有短小刺状突起。丝状叶的叶腋生有圆柱形生殖托。雌雄异株。气囊球形, 生于末枝上。

6cm

15cm

127. 海黍子 *Sargassum muticum* (Yendo) Fensholt

分类：墨角藻目 Fucales　马尾藻科 Sargassaceae　马尾藻属 *Sargassum*

分布：广泛分布于大连海域；黄海、渤海沿岸习见种。

习性：低潮带背浪的石沼中至大干潮线下 4m 深处的岩石上。

大小：高 1~2m。

藻体褐色，主干圆柱形，2~3cm，顶端假丛生几条主枝。主枝有 3~5 条纵向浅沟，扭转，叶披针形，叶缘有锯齿，螺旋排列，叶腋生次生枝。气囊亚球形，顶端圆。固着器盘状。雌雄同株，生殖托圆柱形，生于叶腋处，雌窝位于托的上部，雄窝位于托的下部。

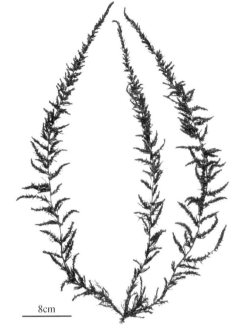

8cm

15cm

6cm

海黍子幼苗

128. 鼠尾藻 *Sargassum thunbergii* (Mertens ex Roth) O'Kuntze

分类：墨角藻目 Fucales　马尾藻科 Sargassaceae　马尾藻属 *Sargassum*

分布：广泛分布于大连海域；广布于我国南北沿海。

习性：北太平洋西部特有的暖温带性种。多生长于中潮带岩石上或石沼中。

大小：高 30~100cm。

藻体暗褐色，固着器为扁平的圆盘状，边缘常有裂缝，主干甚短，3~7mm，圆杜形，其上有鳞片状的叶痕。主干顶端长出数条初生枝，外形常因枝的长度和节间的变化而不同。幼期，初生枝密螺旋状覆盖重叠的鳞片叶，呈小松球形，次生枝自鳞片叶腋间生出。叶丝状，披针形、斜楔形或匙形，边缘全缘或有粗锯齿，长 4~10mm，宽 1~3mm，顶端钝，单条或数个集生于叶腋间，气囊纺锤形，顶端尖。雌雄异株。

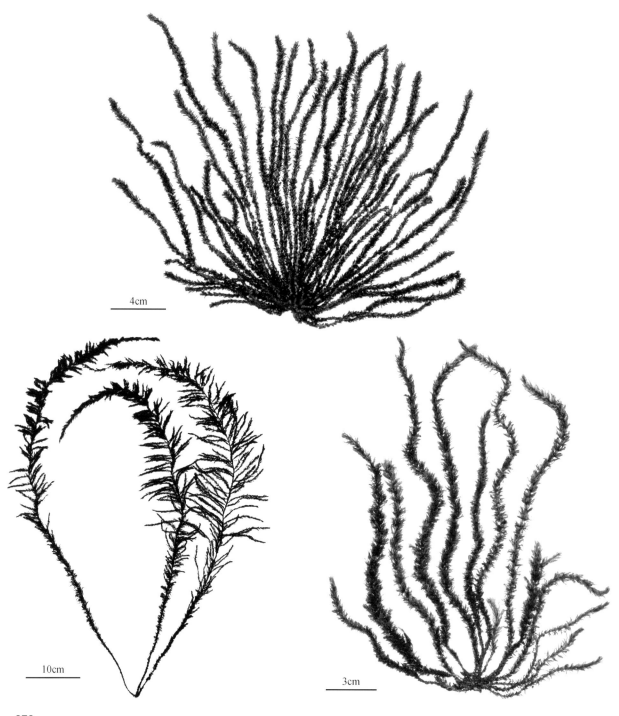

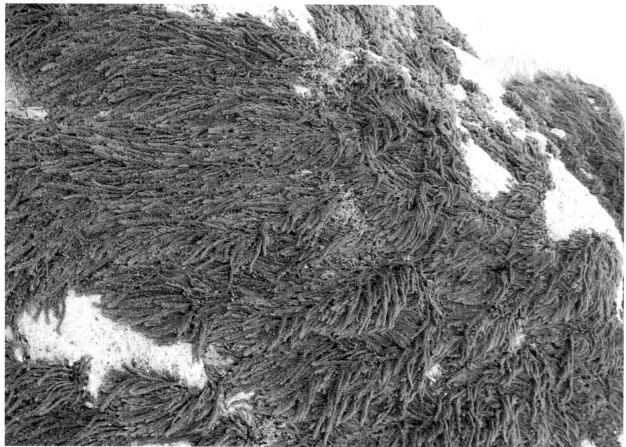

129. 凹陷科氏藻 *Collinsiella cava* (Yendo) Printz

分类：丝藻目 Ulotrichales 科氏藻科 Collinsiellaceae 科氏藻属 *Collinsiella*

分布：大连市区。

习性：生于高、中潮带的礁石或贝壳上，5~6 月大量出现。

大小：直径 0.2~0.5cm。

3mm

藻体绿色或淡绿色，胶质，半球形或球形，单生或集生，表面凹凸不平，幼时实体，成体中空。细胞埋入胶质中，纵切面观，外缘细胞排列较紧密，多为球形或半月形，半月形细胞每两个相对集生呈球状；中层细胞为卵形或鸭梨形，有的多个集生；基层多数细胞一端壁凸起向下伸长呈根毛状，毛长可达 20~40μm。

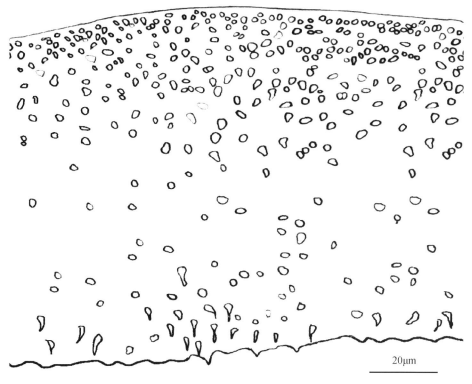

20μm

藻体横切面

130. 软丝藻 *Ulothrix flacca* **(Dillwyn) Thuret**

分类：丝藻目 Ulotrichales　丝藻科 Ulotrichaceae　丝藻属 *Ulothrix*

分布：广泛分布于大连海域；山东、浙江、福建、广东等地沿海。

习性：冷温带性种，春季出现在中潮带石块、贝壳或潮水激荡处的岩石上。

大小：高 5~7cm。

俗名海青苔。藻体鲜绿色或暗绿色，为不分枝单列细胞的丝状体，质细软，丝体直径为 10~25μm，细胞短而宽，其长度为宽度的 1/4~3/4。但藻体下部的细胞较长，基部的几个细胞向下延伸形成固着器附着于基质上。细胞单核，叶绿体为不完全的带状环绕在胞壁内面，淀粉核 1~3 个。

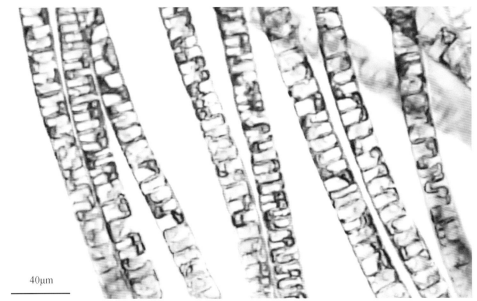

40μm

部分藻体

30μm

部分藻体细胞（环带状叶绿体）

131. 黄褐盒管藻 *Capsosiphon fulvescens* (C. Agardh) Setchell et Gardner

分类：石莼目 Ulvales　盒管藻科 Capsosiphonaceae 盒管藻属 *Capsosiphon*

分布：大连市区。

习性：在高潮带石沼中，固着在岩石或石砾上。

大小：高 12~22cm。

外来种。藻体紫褐色、褐绿色或棕褐色，丛生，柔软具有光泽，体下部细胞向下延伸呈根毛状，组成盘状固着器。直立藻体呈管状，由单层细胞组成，中部有时两层细胞黏合成叶状，具有假分枝，个别不分枝。主轴明显，幅宽变化大，线形、带形、披针形或长倒卵形，边缘常具皱褶，宽 0.2~0.5cm。体下部细长，多为螺旋状扭曲。假分枝 1 次，较细，多着生于叶缘上。

2cm

2cm

3cm

132. 薄科恩藻 *Kornmannia leptoderma* (Kjellman) Bliding

分类：石莼目 Ulvales　科恩藻科 Kornmanniaceae　科恩藻属 *Kornmannia*

分布：大连市区。

习性：在低潮线石沼中附着在大叶藻属、虾海藻属种类叶片上，生长期 2~4 月。

大小：高 3~7cm。

别名小礁膜、大叶藻礁膜。藻体淡绿色，常带有光泽，密集丛生。幼时小囊状，不久破裂成数个小裂片。固着器盘状。成体裂片椭圆形至卵形，上部略尖，边缘为波状皱褶，较薄。表面观细胞排列整齐，紧密，呈方形、长方形，很少为多边形。

2cm

礁膜属 *Monostroma* 分种检索表

1. 藻体长管状·· 长管礁膜 *M. tubulosa*

1. 藻体叶状或囊状·· 2

　2. 藻体壁厚小于 30μm，横切面观细胞有的横向长（平行于叶面）··········· 格氏礁膜 *M. grevillei*

　2. 藻体壁厚大于 30μm，横切面观细胞为纵向长（垂直于叶面）····················· 3

3. 藻体黄绿色，囊状期长，藻体膜厚 45~60μm ······························· 袋礁膜 *M. angicava*

3. 藻体黄绿色或深绿色，囊状期很短，藻体膜厚 30~45μm ··············· 北极礁膜 *M. arcticum*

133. 袋礁膜 *Monostroma angicava* Kjellman

2cm

分类：石莼目 Ulvales　礁膜科 Monostromataceae　礁膜属 *Monostroma*

分布：大连市区。

习性：在中、低潮带石沼中或潮下带岩石或泥沙覆盖的小石块、贝壳等基质上。

大小：高 5~24cm，宽 5~8cm。

别名囊礁膜、开锅烂、绿菜。藻体深绿色或黄绿色，丛生或单生。基部具盘状固着器。体为囊球形或长囊形，表面多皱褶，囊状期长，藻体膜厚 45~60μm，在生长中后期顶端开始破裂，渐形成裂片，裂片少而宽，顶端多破损。表面观细胞形状不规则，多角形或亚圆形。

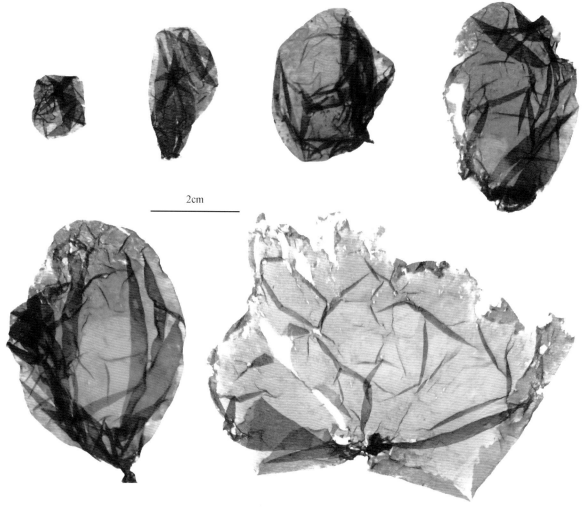

2cm

134. 北极礁膜 *Monostroma arcticum* Wittrock

分类：石莼目 Ulvales　礁膜科 Monostromataceae 礁膜属 *Monostroma*

分布：大连市区、长海；我国渤海和黄海沿岸。

习性：亚寒带性种，2~5 月生于潮间带岩石、沙砾、贝壳等基质上。

大小：高 10~20cm。

藻体黄绿或深绿色，膜质，黏滑，无光泽。幼体为长囊状，囊状期很短，一般高为 1~4cm 时，开始纵裂成数个裂片，但有时也可以高至 10cm 时才开始纵裂。裂片的数目不等（1~10 个），通常 3~4 个，形状多样，细条状、倒三角形等。藻体膜厚 30~45μm，由一层细胞组成，横切面为纵长方形。

2cm

2cm

135. 格氏礁膜 *Monostroma grevillei* (Thuret) Wittrock

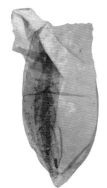

分类: 石莼目 Ulvales　礁膜科 Monostromataceae
礁膜属 *Monostroma*

分布: 大连市区。

习性: 在低潮带着生于岩石或其他海藻上, 生长于12 月到翌年 3 月。

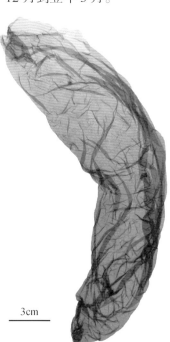

3cm

3cm

大小: 高 4~6cm, 可达 25cm。

藻体黄绿色或绿色, 幼期囊状, 静水处囊状体大, 成长后不久破裂为数个裂片, 较薄, 一般厚不超过 30μm。横切面观, 细胞多呈方形、横长方形, 少数为纵长方形, 基部细胞横长 (平行于叶面)。表面观细胞形状不规则, 正方形、亚圆形、多角形或矩形。

136. 长管礁膜 *Monostroma tubulosa* Luan et Ding

分类：石莼目 Ulvales　礁膜科 Monostromataceae　礁膜属 *Monostroma*

分布：大连市区。

习性：在低潮线下固着于小石块上，密集丛生。

大小：高 7~15cm，直径 0.8~1.5cm。

藻体绿色到浅绿色，多个丛生。不分枝，中空长管状，狭披针形或带形，成体顶端破裂。体表面光滑或有皱褶。基部由细胞延伸出丝状假根组成圆锥形或盘状固着器，固着于基质上。管状体由单层细胞组成。

2cm

137. 波状原礁膜 _Protomonostroma undulatum_ (Wittrock) Vinogradova

分类：石莼目 Ulvales　礁膜科 Monostromataceae　原礁膜属 _Protomonostroma_

分布：大连市区；山东烟台、荣成。

习性：低潮线附近的其他藻体上。

大小：高 10~20cm，宽 2~5cm。

藻体幼期囊状，簇生，绿色至淡绿色，膜质，薄而柔软，黏滑，基部略细，边缘平滑或呈波状，成体已由基部裂成数个裂片。裂片披针形或长披针形，边缘多皱褶，藻体绝大部分厚度为 15~25μm，基部则为 20~40μm。藻体由一层细胞组成，横切面观细胞呈长方形，排列较密；表面观细胞近圆形，直径为 3~6μm，排列不规则。

2cm

138. 盘苔 *Blidingia minima* (Naegeli ex Kuetzing) Kylin

分类：石莼目 Ulvales　石莼科 Ulvaceae　盘苔属 *Blidingia*

分布：广泛分布于大连海域；山东、浙江、福建。

习性：多生于高、中潮带的岩礁上或泥沙覆盖的岩石上，春季繁茂。

大小：高 1~10cm，宽 1~5mm。

别名青苔、绿藻。藻体淡绿色或黄绿色，质软，多皱缩。筒状或筒状扁陷，不分枝或少分枝。固着器盘状。体壁下部厚，上部稍薄，一般为 18~25μm。表面观，细胞不规则多角形；横切面观，细胞位于体壁偏外侧，呈方形或纵长方形。色素体 1 个，淀粉核 1 个。

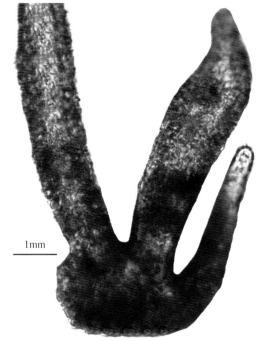

1mm

藻体下部

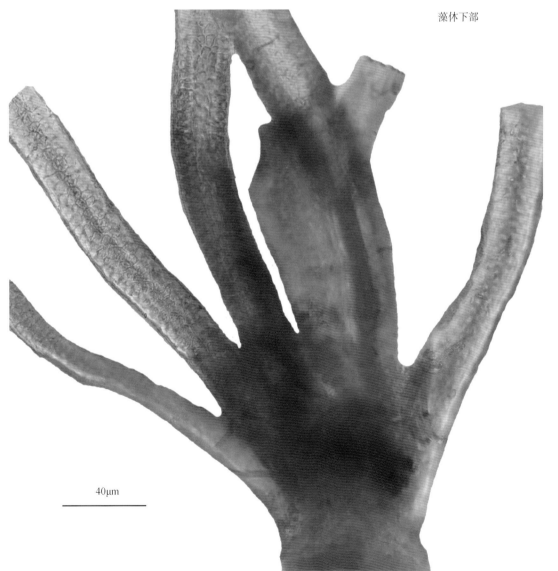

40μm

1cm

10μm

藻体上部表面观

浒苔属 *Enteromorpha* 分种检索表

1. 藻体扁平，基部及边缘部分中空 ····························· 缘管浒苔 *E. linza*

1. 藻体管状，完全中空 ··· 2

  2. 藻体单条或偶有分枝 ································· 肠浒苔 *E. intestinalis*

  2. 藻体分枝较多 ··· 3

3. 分枝多在藻体基部，分枝与主枝的形状相似 ············· 扁浒苔 *E. compressa*

3. 藻体于各处分枝，主干明显粗，分枝细 ······················ 浒苔 *E. prolifera*

139. 扁浒苔 *Enteromorpha compressa* (Linnaeus) Nees

分类：石莼目 Ulvales　石莼科 Ulvaceae　浒苔属 *Enteromorpha*

分布：大连市区、长海；黄海、渤海习见种类，东海、南海亦产。

习性：泛暖温带性种，多生于中、低潮带的岩石、石砾或石沼中。

大小：高 10~40cm。

别名海青菜。藻体亮绿色，基部分枝较密，上部较疏，分枝基部略缢缩，上部粗大，形状和主干相似。藻体除基部外，其他部位的细胞皆不排列成纵列。细胞圆形至多角形，直径 10~27μm，内有 1 个淀粉核，叶绿体不充满细胞内。

2cm

140. 肠浒苔 *Enteromorpha intestinalis* (Linnaeus) Nees

分类：石莼目 Ulvales　石莼科 Ulvaceae　浒苔属 *Enteromorpha*

分布：广泛分布于大连海域；广布于黄海和渤海沿岸。

习性：冷温带性种，潮间带上部到中部的岩石上或其他藻体上。

大小：高 5~100cm。

俗名海青菜。藻体浅绿色，单条或基部有少许分枝，单生或丛生。藻体扭转，表面常有许多皱褶，柄部圆柱形，上部膨胀如肠状。除基部细胞纵列外，其他部位的细胞不纵列。细胞圆形至多角形，表面观直径 10~23μm，内有 1 个淀粉核，叶绿体不充满细胞内，切面观细胞位于单层藻体的外侧。

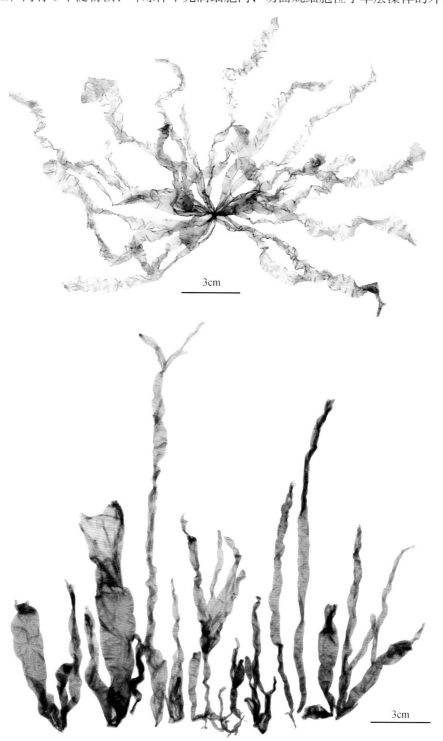

3cm

3cm

141. 缘管浒苔 *Enteromorpha linza* (Linnaeus) J. Agardh

分类：石莼目 Ulvales　石莼科 Ulvaceae　浒苔属 *Enteromorpha*

分布：广泛分布于大连海域；广布于我国沿岸。

习性：泛温带性种，潮间带下部岩石上或其他藻体上。

大小：高 5~50cm，宽 1~5cm。

别名长石莼、海白菜。藻体浅绿色，不分枝，披针形至线形或倒卵形，形状变化很大，并常呈螺旋状扭曲。边缘多波状皱褶，藻体膜质，两层细胞，叶缘的两层细胞分离成中空。叶片基部逐渐向下狭细，变为圆柱形中空的柄。体上部较薄，至柄部逐渐加厚。细胞表面观为四角形至六角形，切面观为纵长方形。具有片状至杯状的叶绿体，淀粉核 1 个。

2cm

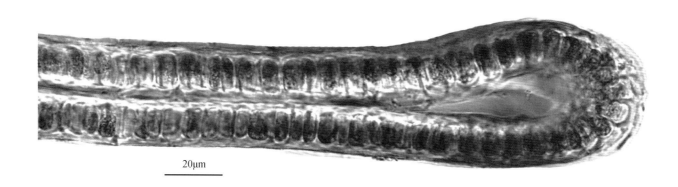

20μm

藻体边缘横切面

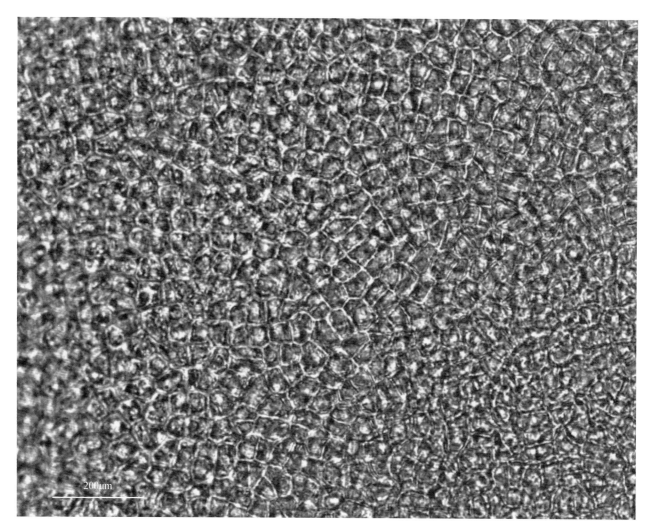

200μm

藻体中部表面观

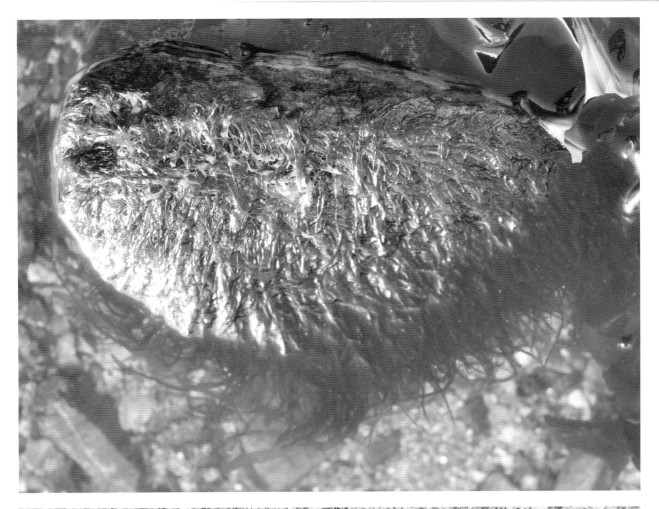

142. 浒苔 *Enteromorpha prolifera* (Müller) J. Agardh

分类：石莼目 Ulvales　石莼科 Ulvaceae　浒苔属 *Enteromorpha*

分布：广泛分布于大连海域；黄海、渤海沿岸各地。

习性：世界性温带藻类，多生于高、中潮带岩石或石沼中。

大小：高 10~30cm。

俗名海青菜、海菜。藻体暗绿色或亮绿色，管状，分枝较多，有明显的主干。分枝细长，其直径小于主枝，柄部渐尖细。分枝基部的细胞排列成纵列，上部纵列则不明显或不呈纵列。

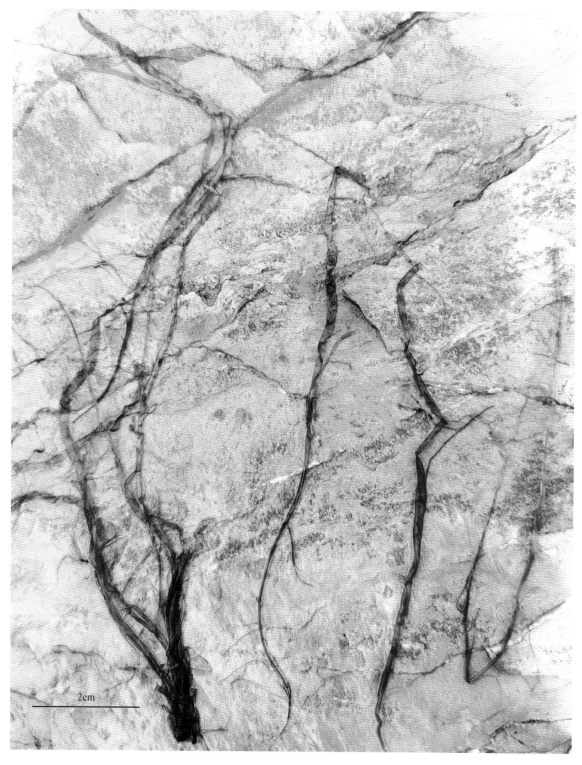

2cm

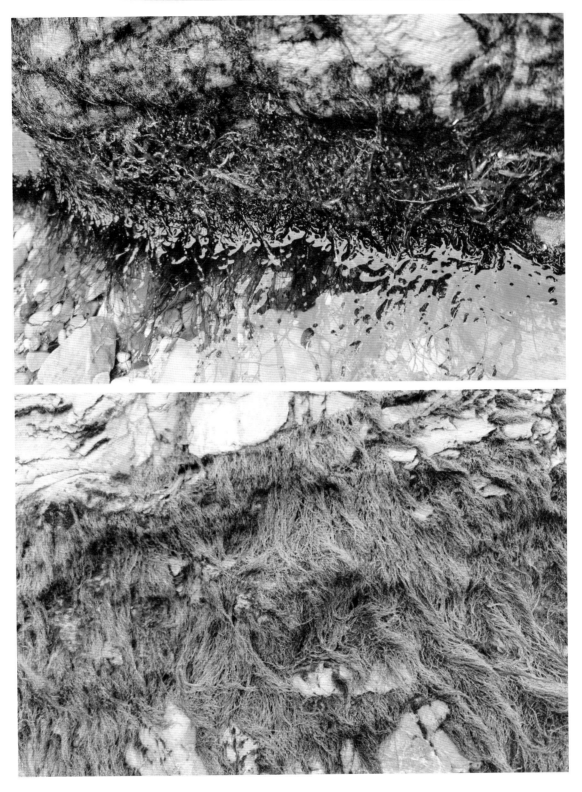

石莼属 *Ulva* 分种检索表

1. 藻体呈重瓣花状 ·· 蛎菜 *U. conglobata*
1. 藻体非重瓣花状 ·· 2
   2. 藻体上有明显孔，切面观细胞呈长方形 ··············· 孔石莼 *U. pertusa*
   2. 藻体上无孔，切面观细胞亚方形 ··················· 石莼 *U. lactuca*

143. 蛎菜 *Ulva conglobata* Kjellman

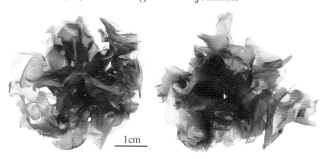

1cm

分类: 石莼目 Ulvales　石莼科 Ulvaceae　石莼属 *Ulva*

分布: 大连长海、旅顺; 山东烟台、青岛等地。

习性: 暖温带性种, 中、高潮带岩石上或小石沼中。

大小: 高 2~4cm。

藻体鲜绿色, 密集丛生, 略扩展; 自藻体边缘向基部深裂, 形成许多裂片或分枝, 各裂片相互重叠, 外观很像一朵重瓣的花朵, 边缘扭曲。体上部为薄膜质, 厚为 30~50μm, 基部稍硬。细胞切面观长方形, 角圆, 上部及边缘的细胞长度与宽度相同或长于宽; 下部细胞随着藻体的增厚, 细胞较大, 形似棱柱形, 细胞壁稍厚, 细胞腔长为宽的 1.5~2 倍。

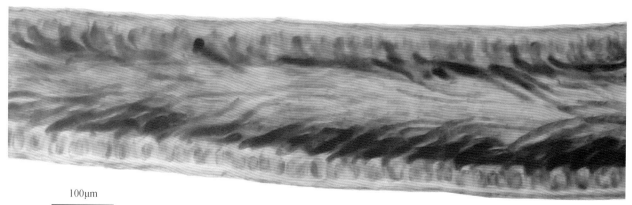

100μm

固着器上部横切面

144. 石莼 *Ulva lactuca* Linnaeus

分类：石莼目 Ulvales   石莼科 Ulvaceae   石莼属 *Ulva*

分布：大连市区、长海；黄海、渤海、东海、南海。

习性：在中潮带及低潮带海湾的石沼或岩石上生长。

大小：高 10~40cm，宽 8~25cm。

藻体淡绿色至黄绿色，膜质，椭圆形或长卵形，边缘常略呈波状，有时纵裂少有孔。固着器盘状。体厚 45μm 左右，由两层细胞组成，切面观细胞呈亚方形。叶绿体杯状，淀粉核 1~3 个。

2cm

145. 孔石莼 *Ulva pertusa* **Kjellman**

分类：石莼目 Ulvales　石莼科 Ulvaceae　石莼属 *Ulva*

分布：广泛分布于大连海域；黄海、渤海、东海、南海。

习性：中、低潮带岩石上，石沼中或附生在其他藻体上。

大小：高 10~40cm，可达 1m。

俗称海白菜。藻体鲜绿色或碧绿色，单独或 2~3 株，丛生。固着器盘状，其附近有同心圆的皱纹。无柄，或不明显。藻体形状变异很大，卵形、椭圆形、披针形或圆形等，多不规则，边缘略皱或稍呈波状。体表面常有大小不等的圆形不甚规则的孔，孔随着藻体成长，几个小孔可连成一个孔，使藻体最后形成几个不规则裂片。藻体由两层细胞组成，细胞切面观长方形，角圆。藻体基部厚可达 500μm，中部厚为 120~180μm，上部厚为 70μm 左右，边缘较薄。

2cm

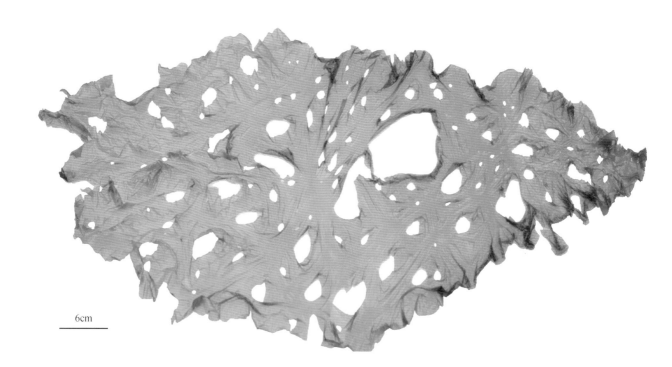

6cm

硬毛藻属 *Chaetomorpha* 分种检索表

藻体无明显基细胞，络合纠结在一起·· 强壮硬毛藻 *C. valida*

藻体有明显的基细胞固着于基质上···································· 气生硬毛藻 *C. aerea*

146. 气生硬毛藻 *Chaetomorpha aerea* (Dillwyn) Kuetzing

分类：刚毛藻目 Cladophorales　刚毛藻科 Cladophoraceae　硬毛藻属 *Chaetomorpha*

分布：大连市区、长海；黄海、渤海、东海。

习性：中、高潮带岩石上或石沼中。

大小：高 3~30cm，常见 8~14cm。

藻体草绿色或黄绿色，丝状，坚韧而直立，由单列的圆柱状细胞构成，不分枝，具明显的基细胞，固着于基质上。藻体中部细胞较粗，圆柱形，直径 7~100μm，长为 87~537μm；上部细胞较狭细。细胞内多核，色素体网状，内含多个淀粉核。老的细胞壁厚达 12~24μm，具层纹。丝体一般群生。

1cm

300μm

藻体上部表面观

147. 强壮硬毛藻 *Chaetomorpha valida* (Hooker et Harvey) Kuetzing

分类：刚毛藻目 Cladophorales　刚毛藻科 Cladophoraceae　硬毛藻属 *Chaetomorpha*

分布：大连长海、瓦房店；山东荣成。

习性：冬春季在海参、虾池、盐田渠道等平静水池下部生长。

大小：高 20~100cm。

藻体草绿色或深绿色，在平静的浅水处很多丝体纠缠成大的疏松团块。丝体线状不分枝，无固着器，有的丝体一端稍膨大。丝体多弯曲，稍硬，细胞长 300~1000μm，宽 280~400μm，长为宽的 0.8~2.5 倍，厚 5~20μm。色素体网状，淀粉核多个。本种为黄海和渤海海参、对虾养殖有害藻类，常需人工捞除。

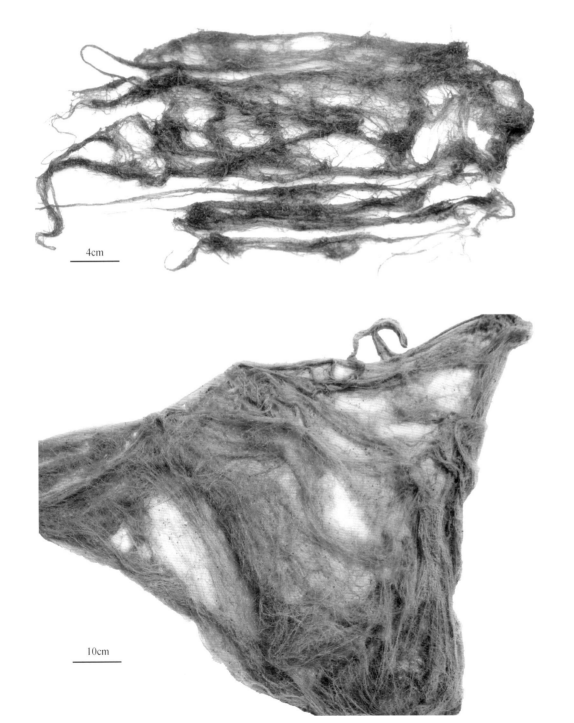

10cm

4cm

刚毛藻属 *Cladophora* 分种检索表

1. 藻体小，高不超过 2cm ·· 2

1. 藻体较大，高 2cm 以上 ·· 4

  2. 藻体微小，高 1~1.5mm，附着在粒花冠小月螺体表上 ················· 壳生刚毛藻 *C. conchopheria*

  2. 藻体高 0.5~2cm，附着在其他基质上 ·· 3

3. 主丝体细胞直径为 130~160μm ·· 具钩刚毛藻 *C. uncinella*

3. 主丝体细胞直径为 50~90μm ··· 达尔刚毛藻 *C. dalmatica*

  4. 体基部仅生有初生假根丝体 ·· 5

  4. 体基部由初生和次生假根组成 ·· 9

5. 末位小枝密集呈簇生状 ··· 束生刚毛藻 *C. fascicularis*

5. 末位小枝不呈簇生状 ·· 6

  6. 藻体上部小枝排列呈扇形 ·· 扇枝刚毛藻 *C. hutchinsioides*

  6. 藻体上部小枝排列非扇形 ·· 7

7. 小枝末端直径为 50~85μm ··· 细弱刚毛藻 *C. gracilis*

7. 小枝末端直径为 40μm 以下 ·· 8

  8. 小枝末端细胞较长，长为宽的 6~25 倍 ······················ 漂浮刚毛藻 *C. expansa*

  8. 小枝末端细胞较短，长为宽的 3~10 倍 ···················· 细丝刚毛藻 *C. sericea*

9. 小枝末端细胞直径为 40~60μm ··· 史氏刚毛藻 *C. stimpsonii*

9. 小枝末端细胞直径为 25~35μm ··· 暗色刚毛藻 *C. opaca*

148. 壳生刚毛藻 *Cladophora conchopheria* **Sakai**

分类：刚毛藻目 Cladophorales　刚毛藻科 Cladophoraceae　刚毛藻属 *Cladophora*

分布：大连长海；渤海、黄海、东海沿岸均有分布。

习性：中、高潮带岩石上或石沼中。

大小：高 1~1.5mm。

别名蝾螺刚毛藻。藻体暗绿色，平绒状蔓生于宿主体表上。基部生有单细胞假根，直立部分枝密集，不规则，偏生或互生，腋角较小，主丝体中部粗，向两端渐细；末位小枝上部多呈毛状，枝端尖细，顶细胞长 70~150μm，宽 10~25μm，长为宽的 2.8~15 倍。

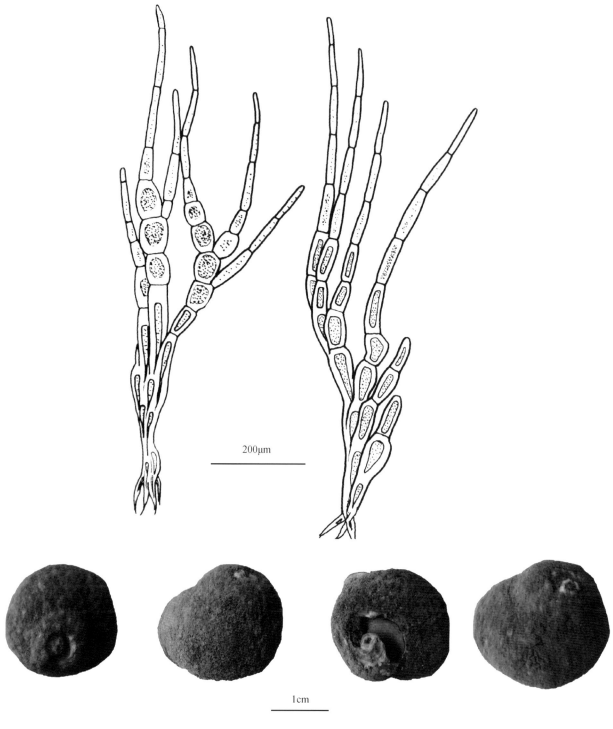

200μm

1cm

149. 达尔刚毛藻 *Cladophora dalmatica* Kuetzing

分类：刚毛藻目 Cladophorales　刚毛藻科 Cladophoraceae　刚毛藻属 *Cladophora*

分布：大连市区；山东荣成、江苏连云港。

习性：在潮间带石沼中固着于岩石上。

大小：高 1~3cm。

别名达尔马提亚刚毛藻、微小刚毛藻。藻体绿色或黄绿色，丛生，直立枝丝体生有次生分枝的假根固着于基质上。主丝体细胞直径为 50~90μm，直立藻体分枝常呈弓形弯曲，下部呈叉状，上部为互生或栉状侧生，偶见对生，细胞横壁处缢缩，体由下向上渐细。

5mm

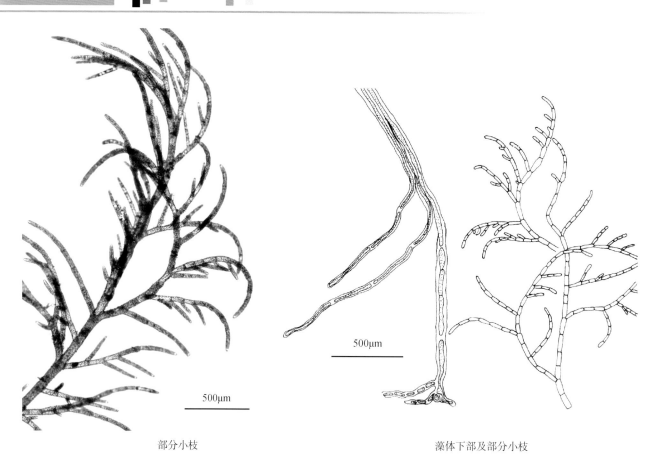

部分小枝 　　　　　　　　　　　　藻体下部及部分小枝

150. 漂浮刚毛藻 *Cladophora expansa* (Mertens) Kuetzing

分类：刚毛藻目 Cladophorales　刚毛藻科 Cladophoraceae　刚毛藻属 *Cladophora*

分布：大连市区；辽宁兴城、山东荣成等地。

习性：在高潮带或潮上带的石沼、养殖池、盐田渠道内，初为固着，后大量漂浮生长。

大小：高 10~25cm。

藻体黄绿色或深绿色，丛生，柔软，初期固着生长，不久呈团块漂浮，团块大小不一。固着器假根状，由主丝体基部或分枝生出。直立藻体分枝二叉或三叉，上部多不规则、侧生、互生或对生，小枝多弯曲，有的节部稍膨胀，枝端细胞较长，长为宽的 6~25 倍。

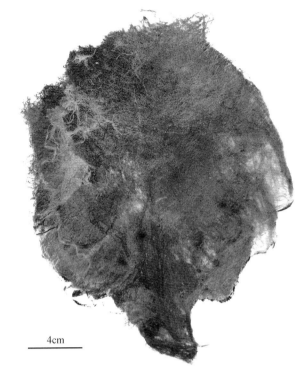

4cm

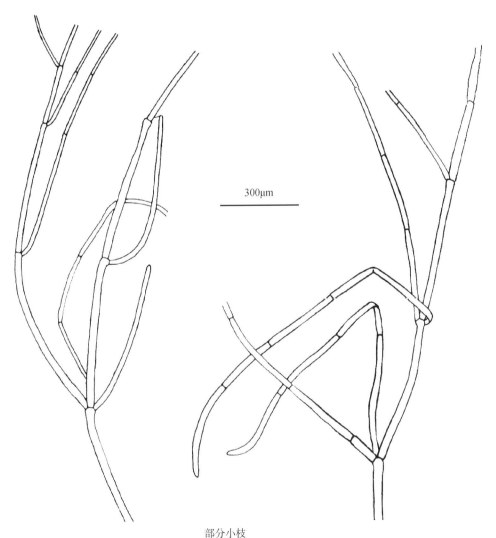

部分小枝

2cm

151. 束生刚毛藻 *Cladophora fascicularis* **(Mertens ex C. Agardh) Kuetzing**

分类：刚毛藻目 Cladophorales　刚毛藻科 Cladophoraceae　刚毛藻属 *Cladophora*

分布：大连市区；山东、浙江、福建、海南等地。

习性：生长于潮间带或低潮线的石沼中，也生长在马尾藻类等大型海藻上。

大小：高 10~20cm。

藻体绿色或黄绿色，直立，丛生，往往纠缠在一起。固着器假根状，不规则叉状分枝。直立部分叉状或多不规则叉状分枝，上部枝多个密集成束，偏生于一侧，末位小枝粗壮，侧生，多向内侧弯曲，略呈栉状排列，枝端钝尖。

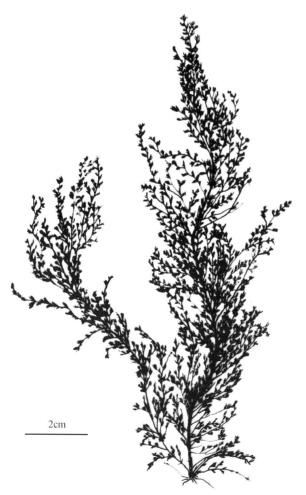

2cm

500μm

藻体及部分小枝

152. 细弱刚毛藻 *Cladophora gracilis* (Griffiths) Kuetzing

分类：刚毛藻目 Cladophorales　刚毛藻科 Cladophoraceae　刚毛藻属 *Cladophora*

分布：大连长海。

习性：中、低潮带岩石或石沼中；手触时有人发之感。

大小：高 25~30cm。

藻体鲜绿色，稍有光泽，密集成束状，丛生，稍硬。固着器假根状，分枝，由主丝体基部产生，长 400~1500μm。直立丝状体较细，多次分枝，二叉或三叉，小枝多个连续侧生呈栉状，基部稍缢缩。上部枝细，端尖，一般直径为 50~85μm，细胞长为宽的 3~5 倍。

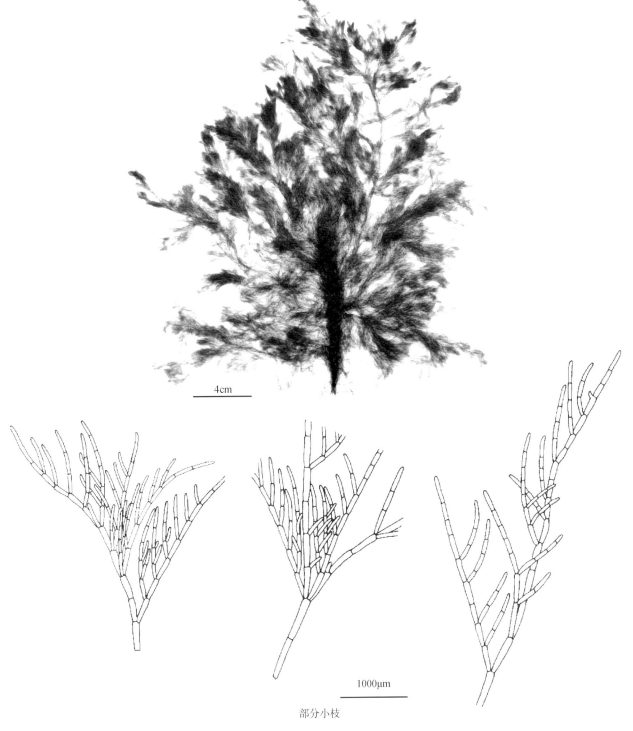

4cm

1000μm

部分小枝

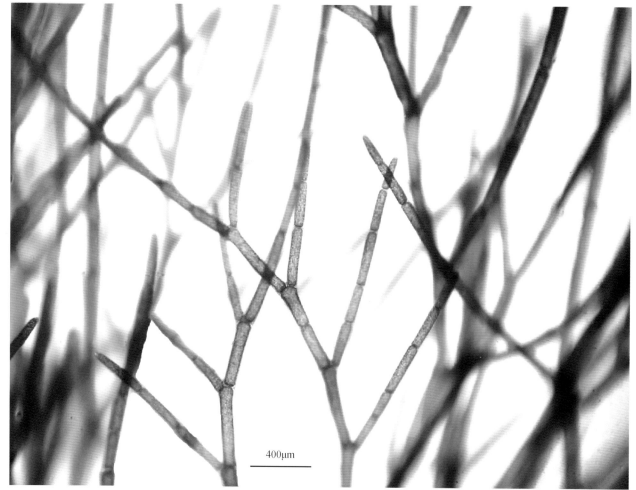

400μm

部分小枝

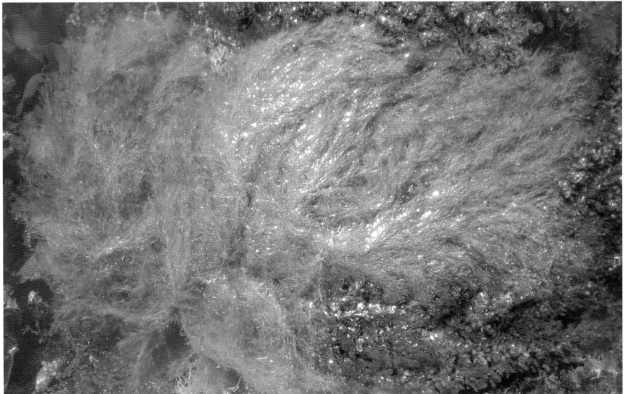

153. 扇枝刚毛藻 *Cladophora hutchinsioides* van den Hoek et Womersley

分类：刚毛藻目 Cladophorales　刚毛藻科 Cladophoraceae　刚毛藻属 *Cladophora*

分布：大连市区、长海；山东青岛、福建漳浦。

习性：在低潮线附近石沼中固着于岩石上或在低潮线下附着于养殖筏子上。

大小：高 15~20cm。

别名似哈钦森刚毛藻。藻体绿色或深绿色，有光泽，丁后深绿色，质较硬，下部疏生。在主丝体的基部生有初生假根固着于基质上，假根丝状。直立丝体较粗壮，下部分枝较疏，不规则，为假叉状，中、上部为互生或侧生，亦有三叉状，小枝分枝近扇形，角较小，细胞壁较厚，具有层理，节部稍膨胀。

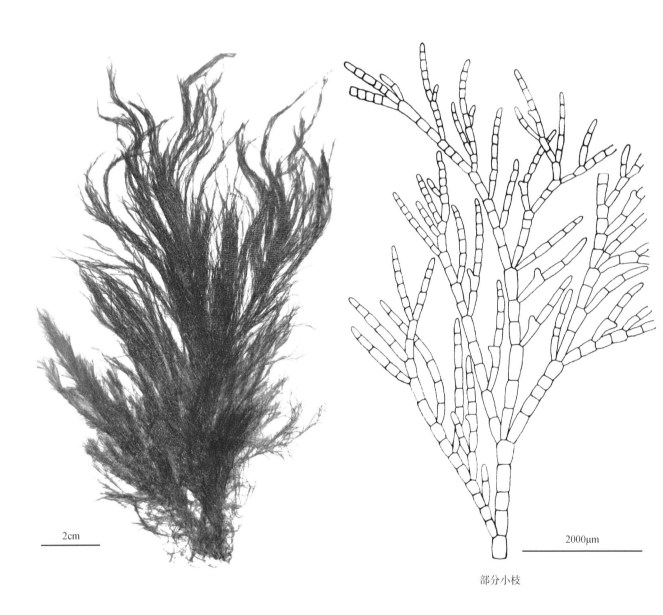

2cm

2000μm

部分小枝

154. 暗色刚毛藻 *Cladophora opaca* Sakai

分类：刚毛藻目 Cladophorales　刚毛藻科 Cladophoraceae
刚毛藻属 *Cladophora*

分布：大连市区、长海；辽宁兴城、山东烟台、江苏连云港。

习性：在潮间带固着于岩石上。

大小：高 15~19cm。

藻体绿色或暗绿色，丛生，稍硬。由基部次生假根固
着于基质上。假根丝由单列细胞组成，分枝。直立丝体表面
光滑，向上渐细，下部分枝二叉状或三叉状，上部侧生。末
小枝偏生，由 2~5 个细胞组成，稍向轴弯曲，枝端钝圆。
主丝体细胞直径 50~70μm，高为直径的 2.5~6 倍。分枝细胞
直径 30~50μm，高为直径的 1.5~9 倍。小枝末端细胞直径
25~35μm，高为直径的 3~6 倍。

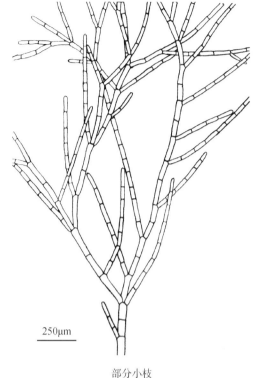

250μm

部分小枝

2cm

155. 细丝刚毛藻 *Cladophora sericea* (Hudson) Kuetzing

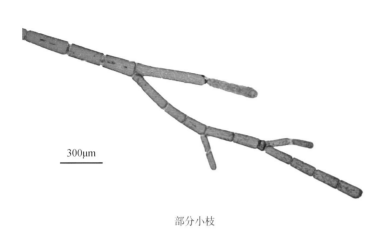

300μm

部分小枝

分类：刚毛藻目 Cladophorales　刚毛藻科 Cladophoraceae　刚毛藻属 *Cladophora*

分布：大连瓦房店、长海。

习性：在潮下带附生于养殖浮筏缏绳上，亦有漂浮生长的。

大小：高 20~80cm。

别名光毛刚毛藻。藻体绿色至深绿色，有光泽，干燥后变为褐绿色，大量密集丛生，稍硬。基部生有密集分枝假根，或假根不明显，附着于基质上，亦有漂浮的，假根分节。主轴不甚明显，细胞长 250~400μm，宽 100~130μm，长为宽的 2~4 倍；分枝不规则叉状，上部多侧生或互生，稀疏；小枝末端细胞较短，长为宽的 3~10 倍。

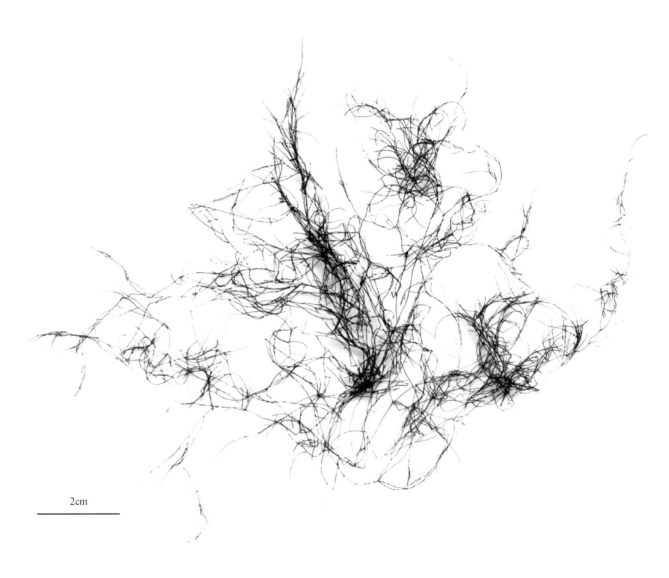

2cm

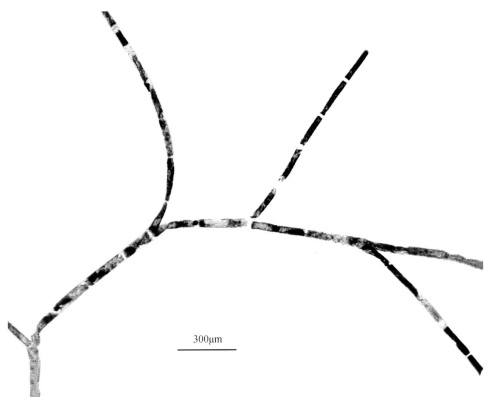

部分小枝

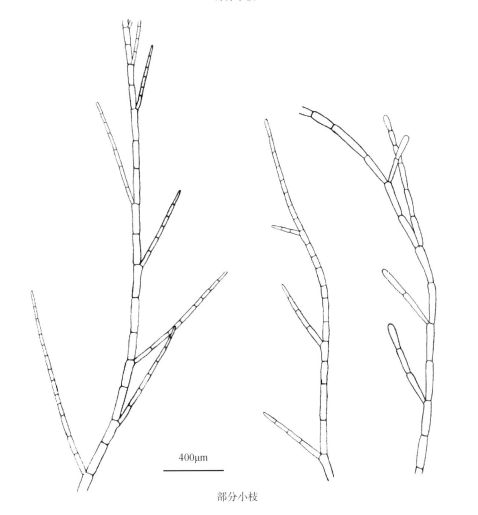

部分小枝

156. 史氏刚毛藻 *Cladophora stimpsonii* Harvey

分类：刚毛藻目 Cladophorales　刚毛藻科 Cladophoraceae　刚毛藻属 *Cladophora*

分布：大连长海；浙江南麂岛。

习性：春、夏、秋季生长于潮间带岩石或其他藻体上。

大小：高 10~30cm。

藻体黄绿色至鲜绿色，丛生，丝状细软，纤弱，有弹性。丝状体基部直径为 100~150μm，向上渐细，分枝稀，二叉状或三叉状，个别四叉状，小枝多偏生或不规则互生，末端细胞直径为 40~60μm。干燥后有绢丝光泽。

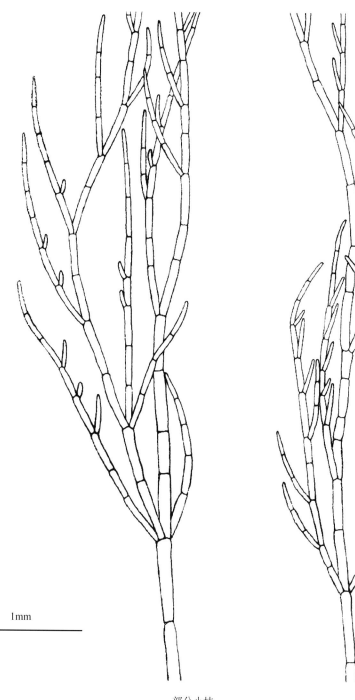

1mm

部分小枝

2cm

500μm

部分小枝

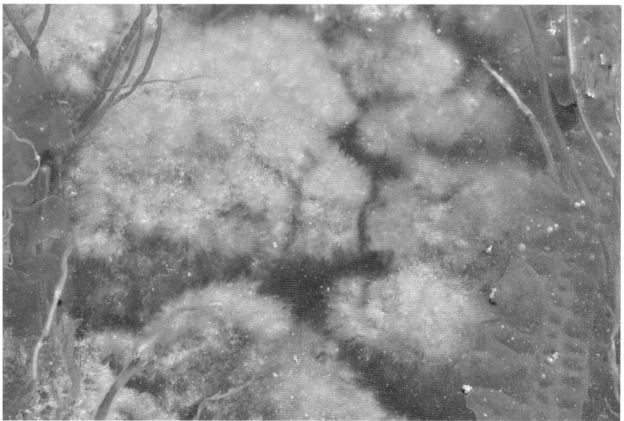

157. 具钩刚毛藻 *Cladophora uncinella* Harvey

分类：刚毛藻目 Cladophorales　刚毛藻科 Cladophoraceae　刚毛藻属 *Cladophora*

分布：大连市区。

习性：在低潮线附着于鼠尾藻藻体上或固着于岩石上。

大小：高 1~1.5cm。

别名小钩刚毛藻，藻体深绿色，丛生，较硬。基部具有较多分枝的假根。直立丝体分枝二叉或三叉，小枝较多，偏生，明显向内侧弯曲。细胞横壁处缢缩，枝端钝圆。丝体由下向上渐细。主丝体细胞直径为 130~160μm，高为直径的 2.5~7 倍。侧枝细胞直径为 65~100μm，高为直径的 4~7 倍。枝端细胞直径为 50~55μm，高为直径的 4~5 倍。

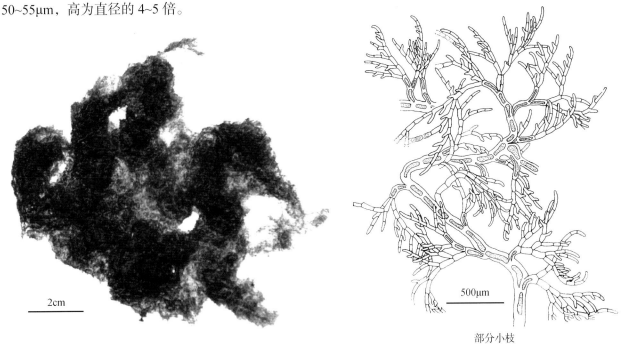

2cm

500μm

部分小枝

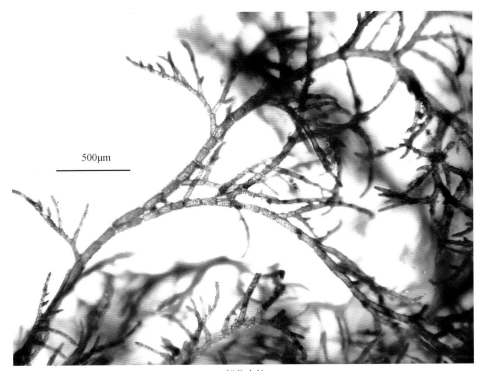

500μm

部分小枝

158. 岸生根枝藻 *Rhizoclonium riparium* **(Roth) Kuetzing ex Harvey**

分类：刚毛藻目 Cladophorales　　刚毛藻科 Cladophoraceae　　根枝藻属 *Rhizoclonium*

分布：大连市区；山东荣成、青岛，福建厦门，广西防城等地。

习性：夏季多生于潮间带覆盖有多泥的岩石上或漂浮。

大小：高 5~15cm。

别名海生根枝藻。藻体淡绿色或淡黄绿色，为单列细胞丝状，常以多丝体纠缠成团块状。丝体较细，细胞长 13~85μm，宽 15~25μm，长为宽的 0.5~5.7 倍。体多扭曲或旋转。通常在藻体上生有很多无隔或由 2~8 个细胞构成的假根枝。叶绿体网状，含有很多淀粉核。

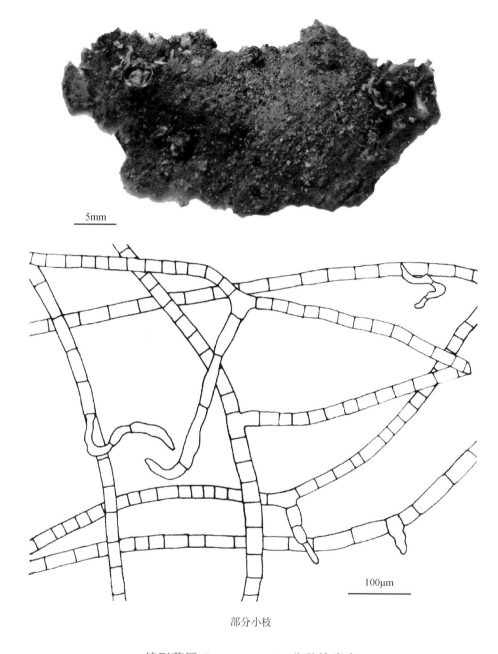

5mm

100μm

部分小枝

绵形藻属 *Spongomorpha* 分种检索表

藻体错综，枝端稍尖或渐细···岩生绵形藻 *S. saxatilis*

藻体半球形，幼时枝端细胞棍棒状，顶端钝·································绵形藻 *S. arcta*

159. 绵形藻 *Spongomorpha arcta* (Dillwyn) Kuetzing

分类：顶管藻目 Acrosiphoniales　顶管藻科 Acrosiphoniaceae　绵形藻属 *Spongomorpha*

分布：大连市区；山东青岛等地。

习性：在低潮带以下着生于岩石或附着于其他大型海藻上。只见于冬季和春季。

大小：高 3~10cm。

藻体绿色或暗绿色，有光泽，老体上常附着硅藻，色变淡。整体外形呈半球形的团，幼体稍黏滑，长成后渐粗糙，稍硬。基部多匍匐状假根，固着于基质上，假根不规则少分枝。直立部分多次不规则分枝，上部小枝偏生，末位小枝呈棒状，上部稍粗，下部稍细，顶端钝圆。在藻体中、下部常生有不规则弯曲假根枝，但稀少，其假根枝常与丛生的下部枝紧密地缠结在一起。丝体粗细较均匀，主丝体细胞长 160~550μm，宽 80~120μm，长为宽的 1.3~6.9 倍。

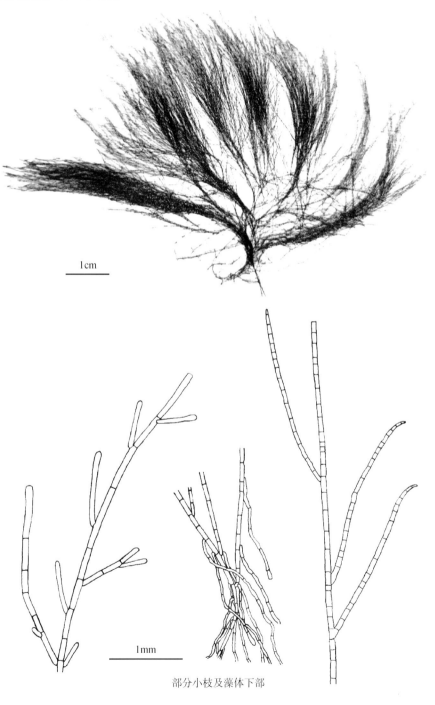

1cm

1mm

部分小枝及藻体下部

160. 岩生绵形藻 *Spongomorpha saxatilis* (Ruprecht) Collins

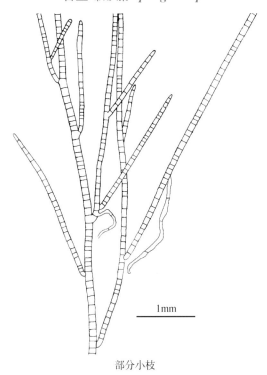

1mm

部分小枝

分类：顶管藻目 Acrosiphoniales　顶管藻科 Acrosiphoniaceae　绵形藻属 *Spongomorpha*

分布：大连市区。

习性：冬季或早春在低潮线下固着在岩石上或其他基质上。

大小：高 7~11cm。

藻体绿色或暗绿色，藻体错综，丛生于基质上。体下部的节上有的生有假根状丝体固着于基质上。直立丝体分枝不规则，侧生或互生，上下粗细较均匀，枝端稍尖或渐细密集。主丝体细胞长 80~220μm，宽 100~200μm，长为宽的 0.4~2.2 倍。

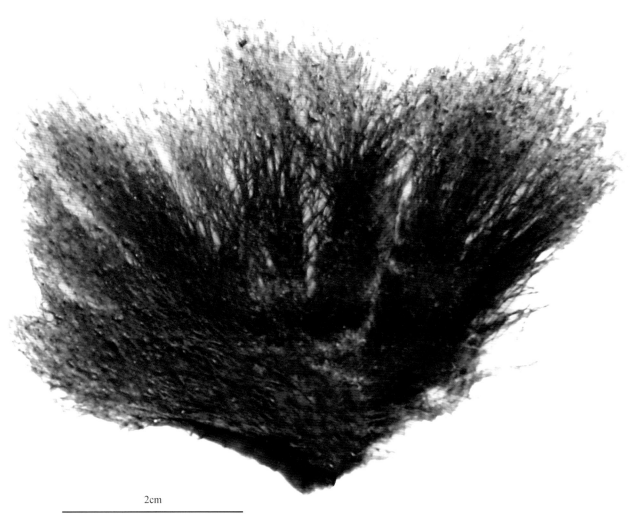

2cm

161. 羽状尾孢藻 *Urospora penicilliformis* (Roth) Areschoug

分类：顶管藻目 Acrosiphoniales　顶管藻科 Acrosiphoniaceae　尾孢藻属 *Urospora*

分布：广泛分布于大连海域；渤海、黄海山东近岸海域。

习性：生于潮间带或低潮带附近多泥的岩石上或漂浮。

大小：高 7~10cm。

藻体绿色或深亮绿色，有光泽，丛生，单列细胞丝状，基部细胞延伸成假根。藻体下部细，上部粗，略呈念珠状。细胞多核，叶绿体网状，有多个淀粉核。

50μm

部分藻体细胞（网状叶绿体）

162. 刺松藻 *Codium fragile* (Suringar) Hariot

分类：松藻目 Codiales　松藻科 Codiaceae　松藻属 *Codium*

分布：广泛分布于大连海域；我国黄海和渤海沿岸习见种。

习性：泛暖温带性种，分布于中、低潮带岩石上。

大小：高 10~30cm。

又名刺海松、鼠尾巴。藻体暗绿色，海绵质，富汁液，幼时体被有白绒毛，老时脱落。固着器为盘状或皮壳状。自基部向上叉状分枝，越向上分枝越多。枝圆柱状，直立，腋间狭窄，上部枝较下部枝细，顶端钝圆。整个藻体由多分枝、管状、无隔膜的多核细胞组成。髓部为无色丝状体交织而成，分枝体的末端膨胀为棒状胞囊，多个胞囊形成一个连续的外栅状层。胞囊长为径的 4~7 倍，顶端壁厚，幼时较尖锐，老时渐钝，顶端常有毛状突起。叶绿体小、盘状，无淀粉核。

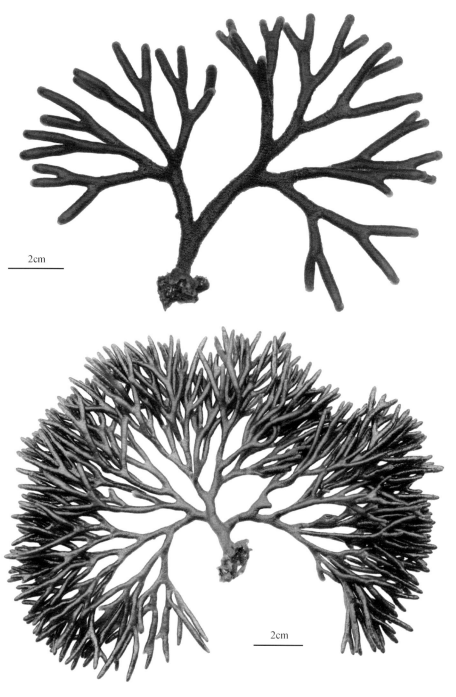

2cm

2cm

3cm

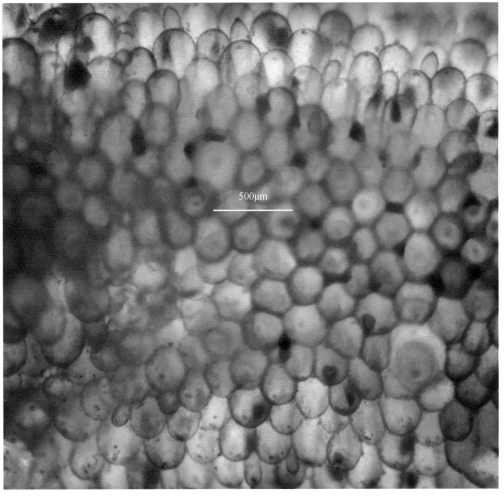

500μm

藻体表面观

藻体表面观

200μm

刺松藻幼体

羽藻属 *Bryopsis* 分种检索表

1. 小枝在分枝上辐射排列···薛羽藻 *B. hypnoides*

1. 小枝在分枝上羽状排列···2

    2. 仅藻体基部产生假根，分枝及小枝基部不产生假根 ························羽藻 *B. plumosa*

    2. 除藻体基部外，分枝甚至小枝基部也产生假根 ················假根羽藻 *B. corticulans*

163. 假根羽藻 *Bryopsis corticulans* Setchell

分类：羽藻目 Bryopsidales　羽藻科 Bryopsidaceae　羽藻属 *Bryopsis*

分布：大连瓦房店；热带、亚热带、温带海岸。

习性：在潮间带的岩石上。

大小：高 10~15cm。

藻体暗绿色或绿色，较粗大。基部固着器为假根状。藻体下部分枝甚少，上部分枝多，张开，互生、对生或不规则羽状分枝。由分枝及小枝的基部生出稀疏丝状假根，下伸到基部。

2cm

164. 藓羽藻 *Bryopsis hypnoides* J. V. Lamouroux

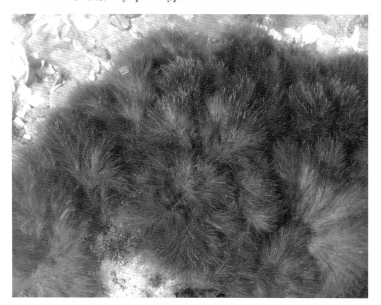

分类：羽藻目 Bryopsidales　羽藻科 Bryopsidaceae　羽藻属 *Bryopsis*

分布：大连市区、长海、瓦房店；黄海、渤海沿岸。

习性：冷温带性种。低潮带岩石上或附生在其他藻体上。

大小：高 6~20cm。

　　藻体浅绿色，丛生，直立，柔软，主枝直径约为0.5mm，不规则重复分枝，羽枝长短不一，在分枝上辐射排列，主要集中在主轴的上部，下部裸露。主分枝基部常产生假根丝。分枝与小枝间无显著区别。分枝基部缢缩。

2cm

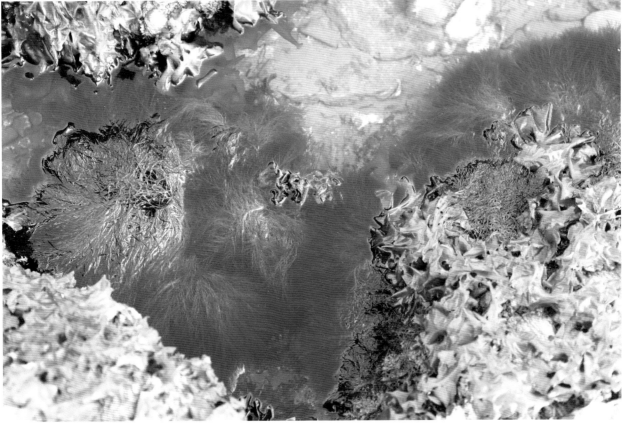

165. 羽藻 *Bryopsis plumosa* (Hudson) C. Agardh

分类：羽藻目 Bryopsidales　羽藻科 Bryopsidaceae　羽藻属 *Bryopsis*

分布：大连市区、长海；我国南北沿海具有分布。

习性：暖温带性种。低潮带岩石上、石沼中或其他海藻上。

大小：高 5~8cm，可达 10cm。

　　藻体丛生，淡绿至碧绿色，有光泽，直立，仅藻体基部产生假根。主干与分枝的人小有明显区别。主干比较粗壮，直径约 1mm。主干下部裸露无分枝，上部则较规则地羽状分枝，下部的羽枝较长，上部的羽枝较短。分枝在同一个平面上，呈塔形。羽枝较细，顶端钝圆，基部明显缢缩。

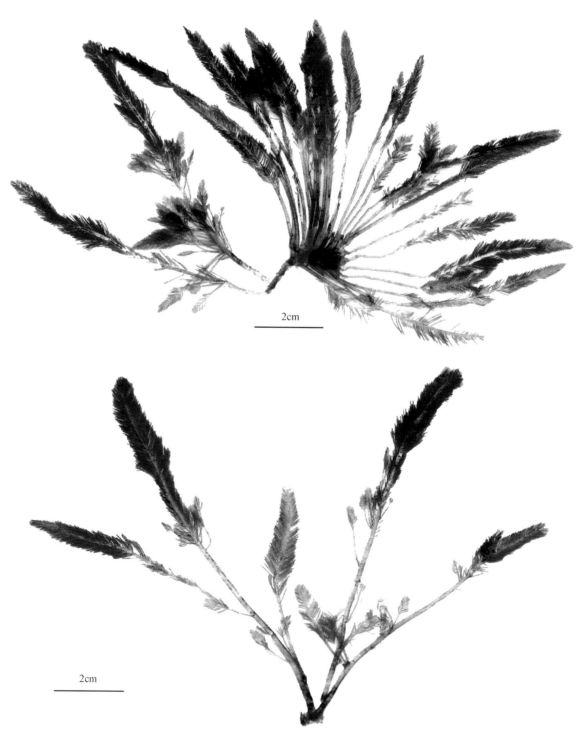

1mm

小枝表面观

2cm

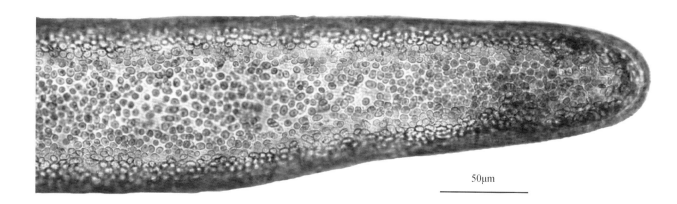

部分放大（颗粒状叶绿体）

参 考 文 献

曹翠翠, 赵凤琴, 郭少茹, 等. 2015. 主要环境因子对细弱蜈蚣藻 (*Grateloupia tenuis*) 孢子发育的影响及生活史的研究. 海洋与湖沼, 46(2): 298-304

陈蕾, 卞瑶, 周旭, 等. 2019. 带形蜈蚣藻盘丝体孢子的形成及温度和光照强度对其放散的影响. 水生生物学报, 43(1): 219-225

迟永雪, 王丽梅, 栾日孝, 等. 2009. 中国硬毛藻属新记录种: 强壮硬毛藻. 水产科学, 28(3): 162-163

崔雅诺, 卞瑶, 王宏伟. 2019. 盐度和透明度对强壮硬毛藻生长发育的影响. 水产科学, 38(4): 550-554

邓璐, 曹翠翠, 王宏伟. 2015. 温度、光照强度和盐度对海柏果孢子放散与附着的影响. 海洋科学, 39(8): 24-27

丁兰平. 2013. 中国海藻志 第四卷 绿藻门 第一册 丝藻目 胶毛藻目 褐友藻目 石莼目 溪菜目 刚毛藻目 顶管藻目. 北京: 科学出版社

丁兰平, 黄冰心, 王宏伟. 2015. 中国海洋红藻门新分类系统. 广西科学, 22(2): 164-188

冈村金太郎. 1936. 日本海藻志. 东京: 内田老鹤圃

杭金欣, 孙建璋. 1983. 浙江海藻原色图谱. 杭州: 浙江科学技术出版社

吉田忠生. 1998. 新日本海藻志. 东京: 内田老鹤圃

贾潇博, 姜朋, 周汝金, 等. 2016. 大连蜈蚣藻孢子发育及生活史的研究. 海洋科学, 40(10): 25-32

瀬川宗吉. 1977. 原色日本海藻图鉴 (增补版). 大阪: 保育社

李芳, 姜朋, 赵树雨, 等. 2016. 帚状蜈蚣藻的修订研究: 基于形态观察和 *rbcL* 序列分析. 水生生物学报, 40(6): 1249-1256

李熙宜, 李君丰, 王凤君, 等. 1984. 大连海区潮间带底栖海藻生物群落的季节变化. 海洋湖沼通报, 3: 48-56

李秀保, 蒂特利亚诺娃 T V, 蒂特利亚诺夫 E A, 等. 2018. 海南岛三亚湾珊瑚礁区常见大型海藻. 北京: 科学出版社

李莹, 王晗, 田丽斯, 等. 2008. 辽宁沿海大型药用底栖海藻资源调查. 现代农业科技, 21: 308-310

刘芳, 田伊林, 王宏伟. 2017. 对枝蜈蚣藻的修订研究: 基于形态特征和基因序列分析. 水生生物学报, 41(6): 1273-1281

刘涛. 2017. 海南常见大型海藻图鉴. 北京: 海洋出版社

刘涛. 2018. 黄、渤海及东海常见大型海藻图鉴. 北京: 海洋出版社

栾日孝. 1989. 大连沿海藻类实习指导. 大连: 大连海运学院出版社

栾日孝. 2013. 中国海藻志 第三卷 褐藻门 第一册 第一分册 水云目 褐壳藻目 黑顶藻目 网地藻目. 北京: 科学出版社

马跃, 卞瑶, 温馨, 等. 2021. 中国伞形蜈蚣藻和亚栉状蜈蚣藻的合种研究: 基于形态观察、早期发育及分子分析. 水生生物学学报, 45(6): 1361-1370

钱树本. 2014. 海藻学. 青岛: 中国海洋大学出版社

邵魁双, 李熙宜. 2000. 大连海区潮间带底栖海藻生物群落的季节变化. 大连水产学院学报, 15(1): 29-34

宋小含, 孙忠民, 胡自民, 等. 2020. 中国近海外来囊藻 (*Colpomenia peregrina*) 种群遗传多样性研究. 海洋科学, 44(1): 89-96

宋学文, 娄宇, 依朋, 等. 2018. 外来入侵海洋红藻具孔斯帕林藻 (*Sparlingia pertusa*) 的形态观察及分子系统分析. 海洋与湖沼, 49(1): 78-86

隋战鹰. 2000. 葫芦岛底栖海藻的季节性变化规律. 沈阳师范学院学报 (自然科学版), 18(1): 56-60

隋战鹰. 2005. 黄、渤海辽宁海区底栖海藻的研究. 海洋湖沼通报, 3: 57-65

隋战鹰, 傅杰. 1995. 渤海北部底栖海藻的初步研究. 植物学报, 37(5): 394-400

田丽斯, 李莹, 张明, 等. 2009. 獐子岛潮间带底栖海藻资源及其季节性变化. 水产科学, 28(3): 142-145

田伊林, 刘雨薇, 王宏伟. 2017. 披针形蜈蚣藻 (*Grateloupia lanceolata*) 的早期发育及其生活史. 海洋与湖沼, 48(1): 113-121

王晗, 王宏伟. 2009. 辽宁沿海浒苔属的调查研究. 安徽农业科学, 37(6): 2676-2678, 2710

王昊林, 卞瑶, 王永宇, 等. 2019. 黏管藻的分子鉴定与生长特性研究. 水生生物学报, 43(5): 1122-1131

王宏伟, 陈娟, 盛英文. 2013. 中国美叶藻属 (红藻门, 楷模藻科) 新种: 扇形美叶藻 (*Callophyllis flabelliforma* H.W.Wang sp. nov.). 辽宁师范大学学报 (自然科学版), 36(1): 102-109

王宏伟, 胡中文, 张明. 2008. 大连星海湾底栖海藻及其季节性变化. 辽宁师范大学学报 (自然科学版), 31(1): 94-98

王宏伟，李佳俊，卞瑶，等．2019. 亮管藻 (*Hyalosiphonia caespitosa*) 的分子鉴定与生长特性研究．辽宁师范大学学报 (自然科学版)，42(2): 229-236

王宏伟，李雅卓，曹翠翠，等．2014. 亚洲蜈蚣藻 (*Grateloupia asiatica* Kawaguchi et Wang) 孢子发育及生活史的研究．辽宁师范大学学报 (自然科学版)，37(2): 246-251

王宏伟，戚贵成．2009. 辽宁沿海蜈蚣藻属的初步研究．辽宁师范大学学报 (自然科学版)，32(2): 231-234

王宏伟，田恬，徐娜．2008. 中国楷膜藻科 (红藻门) 新记录：掌状美叶藻．辽宁师范大学学报 (自然科学版)，31(4): 491-492

王宏伟，王树渤，柴进，等．1997. 中国水云目海藻名录．辽宁师范大学学报 (自然科学版)，20(1): 50-52

王宏伟，徐冬燕，李莹，等．2010. 中国珊瑚藻科 2 个新纪录种：钝顶叉节藻和鳞形珊瑚藻．辽宁师范大学学报 (自然科学版)，33(2): 228-230

王宏伟，周汝金，姜朋．2016. 温度及光照强度对日本角叉菜 (*Chondrus nipponicus* Yendo) 果孢子放散与附着的影响．辽宁师范大学学报 (自然科学版)，39(2): 236-240

王永宇，王昊林，李佳俊，等．2018. 单条胶黏藻 (*Dumontia simplex* Cotton) 的生长状态研究与分子分析．海洋与湖沼，49(4): 829-838

夏邦美．1999. 中国海藻志　第二卷　红藻门　第五册　伊谷藻目　杉藻目　红皮藻目．北京：科学出版社

夏邦美．2004. 中国海藻志　第二卷　红藻门　第三册　石花菜目　隐丝藻目　胭脂藻目．北京：科学出版社

夏邦美．2011. 中国海藻志　第二卷　红藻门　第七册　仙菜目　松节藻科．北京：科学出版社

夏邦美．2013. 中国海藻志　第二卷　红藻门　第四册　珊瑚藻目．北京：科学出版社

夏邦美．2017. 中国海藻志　第一卷　蓝藻门．北京：科学出版社

熊韶峻，王献平，郭旭光．1993. 大连潮间带底栖海藻群落的数量特征和优势种的季节变化．生态学杂志，12(4): 27-29

徐娜，赵凤琴，王宏伟，等．2014. 大连西中岛潮间带大型底栖经济海藻群落的季节变化．辽宁师范大学学报 (自然科学版)，37(4): 533-540

于雅楠，卞瑶，董浩，等．2022. 外来入侵海洋红藻牛岛薄膜藻 *Haraldiophyllum udoense* 的形态观察及 *rbcL* 基因序列分析．海洋与湖沼，53(1): 106-112

曾呈奎．1962. 中国经济海藻志．北京：科学出版社

曾呈奎．2000. 中国海藻志　第三卷　褐藻门　第二册　墨角藻目．北京：科学出版社

曾呈奎．2005. 中国海藻志　第二卷　红藻门　第二册　顶丝藻目　海索面目　柏桉藻目．北京：科学出版社

曾呈奎．2009. 中国黄渤海海藻．北京：科学出版社

曾呈奎，毕列爵．2005. 藻类名词及名称．2 版．北京：科学出版社

张淑梅，栾日孝．1998. 大连地区底栖海藻分类研究概况．大连水产学院学报，13(1): 19-29

张雯，王宏伟．2012. 海柏和扇形海柏的形态观察及孢子萌发类型的比较．海洋渔业，34(1): 83-88

郑柏林．2001. 中国海藻志　第二卷　红藻门　第六册　仙菜目 I　仙菜科　绒线藻科　红叶藻科．北京：科学出版社

郑宝福．2009. 中国海藻志　第二卷　红藻门　第一册　紫球藻目　红盾藻目　角毛藻目　红毛菜目．北京：科学出版社

Titlyanov E A, Titlyanova T V, Li X B, et al. 2017. Coral Reef Marine Plants of Hainan Island. Beijing: Science Press

Tseng C K. 1983. Common Seaweeds of China. Beijing: Science Press